我
们
一
起
解
决
问
题

滑洋 ——

著

不去讨好任何人

人民邮电出版社
北京

图书在版编目（CIP）数据

不去讨好任何人 / 滑洋著. -- 北京 ：人民邮电出
版社，2023.3
ISBN 978-7-115-60517-7

Ⅰ. ①不… Ⅱ. ①滑… Ⅲ. ①人格心理学－通俗读物
Ⅳ. ①B848-49

中国版本图书馆CIP数据核字(2022)第221580号

内 容 提 要

我无法拒绝别人。我总怕别人不高兴。我的想法就在嘴边，但就是说不出口。
如果你有这些问题，你可能就是一个讨好型人格者，经常饱受着内心冲突的困扰。

本书针对讨好型人格的日常表现具体讲解了8个方面：拒绝别人就心慌、无
条件地附和别人、不能对别人提要求、主动为别人行方便、总是做别人期待的事
情、停不下来的微笑、从不发脾气，以及用极高的道德标准要求自己。本书为大
家分析了这些行为模式背后的深层原因，还提供了切实可行的改变方法。在本书
的最后一章，作者还介绍了以"自我救赎，活出自我"为目标的"SELF心理自助
疗法"，这套方法将帮助读者在今后的生活中改变自己的认知与行为模式，摆脱讨
好型思维造成的困扰。

本书适合那些为自己的讨好型人格感到困扰与痛苦的人，希望在读完本书后，
每一位读者都能对自己更好一些，活得更自在、更潇洒。

◆ 著 滑 洋
　　责任编辑 姜 珊
　　责任印制 彭志环

◆ 人民邮电出版社出版发行　　北京市丰台区成寿寺路 11 号
　　邮编 100164　电子邮件 315@ptpress.com.cn
　　网址 https://www.ptpress.com.cn
　　涿州市京南印刷厂印刷

◆ 开本：880×1230　1/32
　　印张：8　　　　　　　　　　2023 年 3 月第 1 版
　　字数：180 千字　　　　　　　2025 年 10 月河北第 17 次印刷

定 价：59.80 元

读者服务热线：（010）81055656　印装质量热线：（010）81055316
反盗版热线：（010）81055315

在这个时代，你想当个"坏人"是很难的。从小到大，老师、家长都在教育我们要做个正直的好人，不能做坏事的信念深植在每个人心中。不论是社会和家庭层面，还是道德和传统层面都有着巨大的支持系统让你远离"坏"。

但是"老好人"的情况就不同了。有法律不允许你做个"老好人"吗？没有！有道德约束你不能做个"老好人"吗？没有！有挚爱的亲人、朋友阻止你做个"老好人"吗？还是没有。于是，不论一个人因为自己的"好"经历着怎样的痛苦，所有的社会支持系统都沉默着。每每想到这里，我都觉得异常难过，在所有人都将注意力放在了与"坏人"激烈斗争上的时候，"老好人"一个人清冷地站在角落里，尴尬地搓搓手，不知所措地抿抿嘴唇，抱着别人给自己立的"好人牌坊"，默默承受着痛苦与纠结。

"讨好型人格"并不是一个新鲜的话题，但是提了这么多年，大家仍然觉得"讨好型人格"大概就是和"性格内向"一样，是再正常不过的存在，甚至是日子过得太舒服之后的"无病呻吟"。我们却没有发现，心理咨询诊室里挤满了"老好人"这一现象的严重性，甚至没有意识到，"讨好"对于一个人的生活造成了多么大的困难与痛苦这一事实。

"我为什么无法拒绝别人？一拒绝我就觉得别人会生气，而别人一生气我就会难受，我们的关系就会破裂。可是不拒绝别人，我自己的需求又要安放在哪里？我要怎么满足所有人的需要？"

"我从来不表达自己的想法与愿望，总是默默地附和别人，我以为这样就能更安全，就可以得到爱，可是为什么我会如此自卑？如此没有安全感呢？"

"我为别人做了这么多，别人却没有回报我。是我做错了吗？还是我不该期待别人的认可与好意？"

"我怕别人不高兴、怕别人受伤、怕别人多想，你看我多善良。可是我为什么觉得胸口闷闷的，一点都不开心呢？"

"我让她不高兴了、让他失望了，我为什么这么差劲呢？我怎么什么都做不好？"

这些都是讨好者的真实痛苦，是该被看见、该被重视、该被疗愈的内心冲突。

所以，我写这本书，就是希望书中的内容成为一股支持力量，支持你"坏一点"、支持你远离做个"老好人"所带来的伤害；就算做不到"坏一点"，我也希望这本书能在你一个人忍受痛苦与孤单的时候，告诉你有人能够理解你做个"老好人"的不容易。

本书前 8 章，分别从拒绝别人就心慌、无条件地附和别人、不能对别人提要求、主动为别人行方便、总是做别人期待的事情、停不下来的微笑、从不发脾气、用极高的道德标准要求自己的讨好型人格的典型困扰入手，为大家分析了这些行为模式背后的深层原因，并为你提供了切实可行的改变方式。在本书的最后，我还为大家总结并介绍了以"自我救赎，活出自我"为目标的"SELF 心理自助疗法"，这套方法将在你今后的生活中持续地帮助你改变自己的行为模式、提升心灵品质。

如果你也为自己的讨好型人格深深困扰，那么请一定要阅读这本书，了解你讨好型行为的深层原因，明白你本可以拥有一种轻松自在的生活方式。

目录

第 4 章

不等别人说，主动行方便

第 5 章

我做的，都是别人期待的

第 6 章

停不下来的微笑

第 7 章

没人见过我发脾气的样子

第 8 章

"吾日三省吾身"的积极践行者

第 9 章

终身成长的秘籍：SELF 心理自助疗法

讨好型人格诊断测试

请回答以下问题（符合的请标 ✓ ），以判断你的讨好型人格的程度。

1. 不敢拒绝别人，认为自己一拒绝，别人就会生气。

2. 害怕别人不高兴，觉得别人不高兴自己会难受。

3. 总是担心与别人的关系会因为自己不能让对方满意而破裂。

4. 每天都忙于应付各种人的需要，感到疲惫与无力。

5. 总是附和别人，不敢表达自己的真实想法。

6. 性格温和，没有个性。

7. 守规矩、听话，从不挑战规则。

8. 身边有很多朋友，却感觉不到他人的爱意。

9. 不能向别人提要求，因为害怕被拒绝。

10. 别人一对你好，你就不知所措，甚至觉得内疚。

11. 有深深的自卑感，不敢行动。

12. 得不到他人的认可，就觉得自己没做好。

13. 害怕被孤立，希望所有人都觉得自己是个好人。

14. 界限感不清，过度为他人的生活与情绪负责。

15. 不论自己做什么，都希望有人可以同意自己这样做。

16. 用极高的道德标准要求自己。

17. 害怕与别人竞争，不愿意做决定。

18. 总是将微笑挂在脸上。

19. 从不发脾气，觉得自己没有攻击性。

20. 从不争强好胜，总是扮演"弱者"的角色。

21. 时常没有安全感。

22. 压抑自己的情绪，不敢表达。

23. 认为自己的人性里不该有黑暗面。

24. 总是为别人牺牲自己，并告诉自己这是一种叫作奉献的美德。

25. 经常自我反省，觉得自己做得不够好。

26. 内心矛盾，不知道如何取舍才能让自己和他人都满意。

诊断结果

✔ 的总数为 18~26 个：你好，"骨灰级"讨好者！

　　恭喜你，你的讨好型人格已经深入骨髓。相信你已经被自己的讨好型人格困扰已久，并已经开始逐渐意识到"讨好"不是"善良"，而是一种"疾病"。为了获得喜悦与健康，你非要做出些改变不可了！

✔ 的总数为 9~17 个：你好，讨好型人格"资深玩家"！

　　虽然你的讨好型人格还没有让你的生活一塌糊涂，但是已经让你感受到了"不自由"。"为什么我不能让所有人都满意？""为什么我总是成全别人却委屈自己？""到底该怎么做才能不伤害别人又让自己感到舒服？"是时候去面对这些问题了！

✓ 的总数为 0~8 个：你好，讨好型人格"初·学者"！

　　在讨好这条路上，你还是一个"初学者"。将"讨好"上升到你的人格问题，可能有些夸张。但是在你的内心深处，燃烧着的仍然是做个"好人"的小火苗，只不过现实还没有让它成为熊熊大火。"如何将讨好的火苗熄灭在摇篮之中""如何理解自己想要讨好别人的愿望"，解决这些问题，对你的幸福来说至关重要。

第 1 章

拒绝别人就心慌

乐怡（化名）是一名工作了八年的档案整理员，年底正是她工作最繁忙的时候。然而，正当她焦头烂额，焦虑于自己的工作无法按时完成的时候，和她很要好的一名同事小李向她提出了一个请求，小李说："乐怡，我突然接到了上级安排的一个很重要而紧急的任务，非要今天做出来不可，可我实在是不知道要怎么做，毫无思路，你能不能帮帮我？"

听到这个请求，乐怡的心情突然变得非常复杂，进入了一种进退两难的境地。

一方面，面对一个来自相处了八年的同事兼朋友的请求，她真的不知道怎么拒绝，生怕自己一拒绝对方就会生气，会觉得自己"不够意思"，甚至会因此和别人说自己的坏话，或者在下次自己需要帮助的时候采取报复行为，故意不帮自己。就算对方不生气，乐怡也过不了自己这一关，看起来小李真的遇到了麻烦，而一个乐于助人的人怎么能袖手旁观呢？

　　然而，另一方面，乐怡自己的工作还没做完，还不知道有没有人能帮一帮自己呢？实在是无暇给予别人帮助。已经连续加了几天班的自己，要是再去乐于助人，恐怕今天就要睡在单位了。虽然事实如此，但是乐怡还是有一些责怪自己，在这份自责之下，乐怡还隐隐地感受到了一些愤怒和委屈，这是怎么回事呢？答应小李的请求会让自己很难受，但是不答应小李的请求会让自己更难受，到底要怎么办呢？

✦ 关键词：脆弱

　　无法拒绝别人，是讨好型人格的一个主要特征。然而，你为什么无法拒绝别人呢？要知道，一个人的行为背后，必然是有很多感受和信念支撑的。比如，"我不吃榴梿"这个行为的背后，必然是"一想到吃榴梿就觉得恶心"的感受，和"榴梿真臭"的信念。而你不能拒绝别人的行为背后，是"一拒绝别人就感到恐惧"的感受，和"别人很脆弱""我很脆弱""关系很脆弱"的不合理信念。

脆弱的别人：我一拒绝，对方就会生气

　　讨好型人格的人之所以无法拒绝别人，首要的原因就是内心关于"别人很脆弱"的底层信念。"我一拒绝，对方就会生气""我一拒绝，对方就会受到伤害"，这都是对于"别人很脆弱"的预期。这份预期可以很好地解释我们拒绝他人时的一部分恐惧，当我们和一个一碰就会碎的人在一起的时候，当然要小心翼翼，生怕自己一个不小心就让对方粉身碎骨。在这种预期下，但凡有一点良知的人都会深感恐惧、如履薄冰。

◖ 脆弱的父母

　　"别人很脆弱"的底层信念一部分来自我们过去的经验。很多人认为讨好型的人之所以常有讨好行为一定是因为他们有着强悍、权威的父母，而实际上，这类人的父母往往是脆弱的、敏感的。当孩子对他们的要求说"不"的时候，他们的反应不是勃然大怒说："看我不打死你！"而是感到自己深深地被伤害了。他们会面带委屈、泪水涟涟地对孩子说："你怎么可以这样

对我，我真的太难过了。""你这样做了之后，我一连五天都在失眠，饭也吃不下，工作的时候也不能专心，以至于被老板骂了一顿还扣了工资，现在真的不知道怎么办好。"

这样的经验，在我们的内心深处打下了深深的烙印，我们告诉自己，千万不要拒绝别人，因为我一拒绝，对方就"心碎"了！

◖ 脆弱的投射

"别人很脆弱"的底层信念也来自我们的投射。所谓投射，是一种很常见的心理机制，就是我们将自己的感情、冲动或者愿望归结在另一个人的身上，并因此扭曲了我们对他形成看法的过程。

举一个简单的例子，我们去郊游，在碧水之中看到一条红色的鲤鱼游来游去。这个时候我们心想："这条鱼是多么幸福而自在呀！"鱼到底是不是幸福而自在的呢？没人知道，真正幸福而自在的其实是畅游在青山碧水间的人。这就是投射，我们将自己愉悦的感受归结到了鱼的身上，以至于认为鱼是幸福而自在的。

而你之所以认为别人很脆弱，有很大一部分原因是你将自己的敏感与脆弱投射到了别人身上。

不会拒绝的人，往往是非常善良的人。正是因为他们自己在遭到拒绝的时候会感到很受伤，会怀疑对方的拒绝是不是"不再爱我"的意思，是不是我哪里得罪了对方，对方才会如此无情？所以他们才无法拒绝别人，以免他人因此承受被伤害的痛苦。

但是他人真的这么脆弱吗？也许是，也许不是。就好像鱼到底是不是自由自在，没人知道一样。重要的是，你将自己的脆弱投射到了他人身上，并因此让自己陷入了无法拒绝的艰难境地。

脆弱的我：别人一生气，我就很害怕

与讨好型的人心底"别人很脆弱"的底层信念交相呼应的是"我很脆弱"的自我认知。

讨好型的人之所以不能拒绝别人，首先是因为"我一拒绝，对方就会生气"的结果预期，但是这并不是问题的关键。如果你能拥有一种"别人生气就生气，关我什么事"的态度，就不会有什么讨好型人格问题了。最关键的是，我一拒绝别人，别人就会生气，而别人一生气，我就会更加难受。所以，为了不让自己痛苦、害怕、难受，我还是不要拒绝别人的好。

☾ 进入儿时的状态

从理智上来说，我们当然知道，即便别人因为我们的拒绝而生气、记恨，也不能把我们怎么样。像是之前提到的不能拒绝同事的乐怡，她会因为没有帮助同事就丢掉工作吗？会因此而失去所有的爱与友谊吗？会被判刑吗？通通不会。但是她就是忍不住担心、害怕、不知所措，好像只要别人一生气，自己的生活就"完蛋了"一样。这是一种失去理智的状态，一种儿时心理状态的重现。

每个孩子一出生，都不得不与两个身高和力量是自己几倍几十倍，时刻决定自己是否可以吃饱，是否可以获得情绪满足的人，也就是我们的父母，生活在一起。如果父母每天和蔼可亲、充满关切，那还好。然而现实并非如此，很多父母总会因为生活的压力、自身的状态等原因脾气暴躁，漠视孩子的需要。

这在成年人看来并没有什么大不了，在成年人的社交环境中，你生气就生气，一会儿就好了，要是你总是生气我就不和你交往了。但对一个孩子来说，父母是他必须面对的，没有选择。一方面，这两个"巨人"的怒火在他看来就好像地震山洪一样可怕，无处可以躲闪。另一方面，这两个"巨人"的情绪对他来说生死攸关，如果父母因为愤怒而不履行照顾自己的责任，孩子将面对极其不安的体验，甚至有被饿死的可能。这种关系在成年人的世界里当然是不存在的，却会在我们想要拒绝别人的时候重现。

　　我一拒绝别人，别人就会生气；别人一生气，我就很慌乱；我一慌乱，理智就"掉线"；理智一"掉线"，我就真真正正地进入了儿时的状态，变成了那个在父母情绪面前脆弱的小孩。所以，我不能拒绝别人，因为别人一生气，我就"完蛋"了。

C　别人会不会报复我

　　"一想到拒绝别人，我就担心别人会生气；而别人一生气，我就很害怕"的讨好型人格表现，还有一部分来自于你对于他人报复行为的恐惧。

　　我们担心别人因为被拒绝产生的愤怒而不再和我做朋友，担心他们会和别人说我们不像看起来那么乐于助人，甚至会产生弥漫式担心，在我们下次需要帮助的时候，无人伸出援助之手。

　　对于他人报复行为的无端想象，主要来自两个方面。一方面，你将拒绝行为等同于攻击。既然拒绝别人就是在攻击，那你对于他人报复行为的推测就顺理成章了。一个人在遭到攻击之后就会本能地攻击回来，你打我一拳，我就要还你一拳，人的本性如此。但是拒绝真的等于攻击吗？你让我帮忙拿个快递，我说："不好意思，我现在真的没空。"我就攻击了你吗？答案显然是否定的，将拒绝等同于攻击，仍然是"你很脆弱，我也很脆弱"的底层逻辑在作怪。

　　另一方面，你将自己没有察觉的愤怒与攻击投射了出去。投射的概念我们刚刚讲过了，是一个人将自己的感情与冲动归结到另一个人的身上，并因此扭曲了你对这个人看法的心理机制。还是以乐怡不能拒绝同事要求的情景为例，乐怡在这一过程中感到了隐隐的愤怒，却不知道是怎么回事。其实这并不难理解，我们正疲于应对自己的工作，一个人却突然提出要求让我们去帮他完成任务，这个时候我们当然有愤怒的情绪。我们的内心焦虑烦躁，恨不得将对方大骂一顿赶出去。"我这么忙，你还来添乱。我天天加班怎么没见你来帮帮我，自己遇到困难，动一动嘴就要我帮忙。我需要帮助的时候都没有对你开过口，因为怕麻烦你，你怎么能这么不为我考虑？！"但讨好型人格者内心的种种冲突让我们无法顺利地表达这一部分。于是你将被自己压抑了的愤怒与攻击投射到别人身上，肯定地认为是别人生气了，是别人想要攻击你。却没有发现，是你自己生气了，你想骂人。

脆弱的关系：稍有不顺从，关系就"完蛋"了

个体心理学之父阿德勒说："人的一切烦恼都来自于人际关系。"我们不能拒绝别人，是因为害怕别人因此受到伤害，害怕别人会报复自己，害怕自己会承受不住别人的怒火，但是归根到底是我们害怕失去关系、失去爱。不希望别人因为自己的拒绝而受伤，这是对关系的珍视；害怕别人觉得自己不够乐于助人，这是对自己与他人建立关系能力的敏感；害怕自己在需要帮助的时候无人伸出援助之手，这是对失去关系的恐惧。如果

我不需要关系、不需要爱，我哪里还需要讨好别人呢？

☾ 有条件的爱

在讨好型的人心中，关系是一种很脆弱的存在。"我一拒绝，对方就不爱我了。如果我不能满足对方，我们的关系就完蛋了"。这其实是"爱都是有条件的""想要被爱，我必须满足对方的期待与要求"的底层信念造成的。

我们一直在提倡"鼓励式教育"，这种方式本身很好，但是有时会被家长、老师们实践成一种控制手段。通过鼓励的方式，将"让孩子成为最好的自己"的指导思想，变成了"孩子做了让我满意的事，我就表扬他"的互动方式。

孩子考试考了一百分，这是符合我心愿的，于是我就和颜悦色地表扬他说："你真是个好孩子。"孩子上大学想要学美术专业，但学美术能养活他自己吗？这不符合我的人生观、价值观，于是我就疾言厉色地骂他不懂事。

这就导致了一个必然的结果：关系中的不安全感。只有我让你满意、做了一些你认为好的事情的时候，你才夸我是个好孩子，才对我微笑，我才能感受到你是爱我的。而如果我做了不符合你的价值观的事情，不能让你满意，你就会对我冷言冷语，让我丝毫感受不到爱意。这样的关系是多么脆弱和不安全！在这样的潜意识关系底色之下，我怎么敢通过拒绝来建立与别人的边界呢？如果表达自己的意愿意味着关系的丧失，我宁愿做一个讨好者！

C　讨好者的关系剧本

讨好型的人迟早会产生这样的疑问：为什么我身边的人总是向我提明显无理的要求呢？"我一拒绝，别人就会生气"不完全是我的想象，而是有现实基础的，为什么我接触的人大多需要"被讨好"呢？答案是：你拿了一个讨好者的"关系剧本"！

萨提亚老师说过："人最大的本能不是生存，而是寻求安全感。"如果我们在童年中持续拥有的都是"有条件的爱"，接触的都是需要被讨好的人的时候，我们将在一生中强迫性地重复这种强烈而深刻的互动模式。虽然当一个讨好者是痛苦的，但这是我熟悉的模式，是我驾轻就熟的"关系剧本"。别人告诉我不需要讨好的生活很轻松，但是我不知道怎么演，陌生的就是不安全的，而安全是人最基本的需要。不安全的就是坏的，所以我拒绝换剧本。

于是，我们在选择朋友、身边人的时候，会不自觉地挑选那些能够配合我们演好自己讨好型关系剧本的"好搭档"，而需要被讨好的、一被拒绝就要发脾气的人无疑是最好的选择。

这就好像在我的关系剧本中，假如我的角色是一名"怨妇"，于是我将大概率这样挑选身边的人：一方面，我会选一个不太合格的伴侣。如果我的丈夫对我又好、又能赚钱、又顾家，我的怨妇剧本要怎么演下去呢？另一方面，我会混进一个认为"男人都不是好东西"的姐妹圈子里。同样的道理，在我熟悉的关系剧本中我是一个"怨妇"，要是我的朋友每天聊的都是"我的丈夫特别爱我、尊重我"，我的角色怎么演得好呢？

讨好者也是如此。在需要讨好的关系中，我们很痛苦、很伤心，但是这不是最重要的。最重要的是，有人愿意陪我玩这个熟悉的游戏，让我扮演熟悉的角色。一切按照剧本走，就能让我体会到掌控感与安全感，即便我现在知道，这是病态的。

脆弱的苦果：疲于应付所有人的需求

在"别人很脆弱""我很脆弱""关系很脆弱"等一系列的潜意识认知下，讨好型人格的人做出了"我不能拒绝别人"的最终决定，随之而来的是一系列苦果。

⊂ 无法满足所有人的需要

讨好型的人发现，即便自己不拒绝别人，也无法让每个人都满意。在这种现实下，讨好型人格的人并没有意识到"让所有人都满意"是不可能的，而是因此深感无力。

丈夫希望你做个贤妻良母下班赶紧回家，老板却希望你下班后积极社交，积累资源。保姆希望你慷慨大方不要在薪酬上斤斤计较，婆婆却希望你精打细算会过日子。朋友希望你周六上午陪她去选婚纱，嫂子却希望你周六上午能帮她带一下孩子。满足所有人的需要，不去拒绝，显然是一件不可能的事情。但讨好型的人却执迷不悟，认为这是自己做得还不够好，依然在冷酷的现实下努力创造满足所有人的奇迹。最终的结果只能是精疲力竭、深感挫败。

当想要满足每一个人又无法做到的焦灼感，忙于应付每个人的需要而失去自我的委屈感，拒绝伤害别人的自责感，总是无法令别人满意的焦虑感，一波波向你涌来的时候，内心的痛苦可想而知。我从来没有拒绝过别人，努力地满足别人的需要，可是谁能帮帮我，走出这痛苦的深渊呢？

☾ 越是不拒绝，别人越是喜欢麻烦你

讨好型的人会发现，别人的需要并没有因为一次被满足而平息下来，反而因为你的不拒绝而愈演愈烈。在你没有拒绝同事拿快递的请求后，他就总是让你帮忙拿快递。你满足了朋友开车送她回家的要求后，她就总想让你下班送她。你因此不得不一次次地面对不知道该怎么拒绝的情景，并一次次"强己所难"地满足别人，这真的很令你困扰。

别人对待你的方式是你自己培养出来的。如果别人一向你提要求，你就拒绝："你个坏蛋，没看到我正在忙吗？！"那对方自然就学到：找你帮忙除了自找没趣什么用都没有。于是他下次肯定会换个人试试。但如果别人向你提要求，你不仅不拒

绝，还强忍着内心的一万个不爽对他说："别客气，别客气，有需要随时找我。"那对方当然就学到另一回事：找你帮忙不仅会得到帮助，你的态度还好，下次还得找你。

所以你越是不拒绝，对方就越是找你帮忙，是你培养并强化了对方麻烦你的行为。这实在怪不得对方，你从未表达过自己的不愿意，对方怎么会知道呢？他还以为你真的就是这么闲，而且乐于助人呢！

☾ 行动力的丧失

讨好型的人还会发现，自己的行动力受到了严重的损害。在不能拒绝别人的行为模式下，你陷入了帮助别人也帮不好，满足自己也满足不成的困境。帮助别人的时候满腹牢骚，自然不能尽心尽力。拒绝别人的时候内心满是恐惧，自然无法喜悦地认同此时的自己。利他或者利己，没有一种方式可以让自己"爽透"。

这种状态其实是你内心的冲突造成的。一方面，你希望自己可以满足所有人，另一方面，你连自己的需要都满足不了；一方面，你希望自己是无私的，另一方面，你的本性里就是有自私这一部分；一方面，你努力讨好不去拒绝，生怕关系会破碎，另一方面，关系总因为你的讨好而充满压抑。这种极端的矛盾与对立，会让行为进入一种瘫痪状态，你的精力都被消耗在了目标间的对立上，前进的动力已经少之又少。

我常常说：讨好型的人其实成不了真正的"好人"。内心的冲突让我们无法充满行动力地实现做一个"好人"或者"坏人"的目标，在讨好型人格的影响之下，只有高不成低不就的"内心邪恶的好人"和"内心善良的坏人"。

在内心冲突带来的行动力丧失之下，你是无力的，这份无力感再次加深了你满足他人要求时力不从心的感受。这种感受让你觉得帮助别人是一件非常困难而麻烦的事情，而这个认知又会加深别人提要求时你的愤怒和无力，最终让你更加丧失行动力，陷入恶性循环，深深地被讨好型人格的问题所困扰。

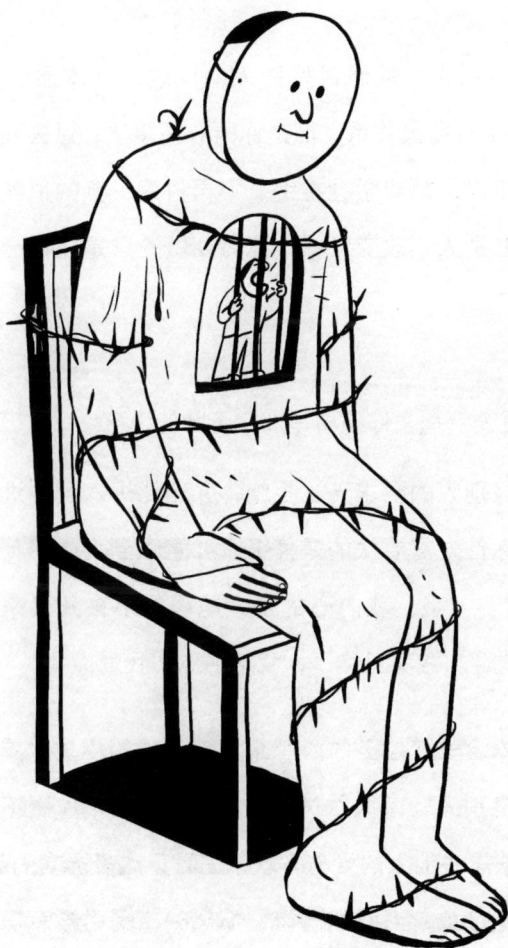

—— ✴ ——

内心强大，关系才不脆弱

无法拒绝别人、总想讨好别人的问题，从本质上来说与"别人"实在没有多大关系，而是你内心的想法、过去残留的感受在作怪。所以，想要学会拒绝、不再讨好，真的很容易。你不需要去改变别人、改变世界，你需要做的只是让自己的内心强大起来罢了。

方法 1：与过去告别，你不再是那个无助的小孩

当你面对别人的要求无法拒绝，并因此进入一种进退两难的境地时，你首先需要做的是停下来并意识到发生了什么。你可以对自己说："哦，我内心的那个脆弱的小孩儿又来了，欢迎，欢迎，欢迎。我看见你了，我接纳你，我爱你。"

然后去体验一下自己内心那个充满恐惧的小孩的感受，害怕自己会伤害别人，害怕面对别人的怒火，害怕遭到不能承受的报复，害怕失去他人的爱与喜欢，去看见这多层次的恐惧感。看见本身就是疗愈，当我们恐惧、愤怒的感受不被意识察觉的

时候，那种感觉就好像在伸手不见五指的黑暗里，听到远处不知道什么东西发出了奇怪的声音，这会令我们非常慌乱。但是当我们看到它的时候，就好像天突然亮了，我们发现所谓恐怖的声音不过是一只小白兔从草丛里经过发出的而已。

接下来，你可以问问自己：我为什么害怕呢？问一问内心的小孩儿，你想告诉我的是什么呢？只要你足够有耐心，就一定可以听到答案。比如，"我之所以害怕，是因为我觉得自己很脆弱，没有别人我会活不下去""我之所以恐惧，是因为别人很脆弱，我一拒绝，他们就会碎""我的拒绝会令我失去关系、失去爱"，等等。很明显，这些信念是极不合理的。你已经是一个成年人了，没有谁你都能活下去。也没有人会因我们的拒绝而当场毙命，不然法律条款中早会写明："拒绝别人需要偿命。"同时，如果一段关系已经到了遭受一次拒绝就会破碎的地步，这到底是什么样的关系呢？不要也罢。当我们意识到内心的这些不合理信念的时候，自然就可以轻松地看到其不合理之处。

不过，你实在没有必要与这些不合理的信念对抗。更加有用的方法是，看到这些信念背后美好的需要。比如，我害怕因为拒绝而失去关系与爱，这个信念虽然不合理又极具破坏性，但有一点是不可否认的，这里有一个美好的需要，我希望能够拥有爱与幸福的关系。再比如，我害怕别人会因为我的拒绝而报复，这个信念虽然毫无现实依据并给我们造成了极大的痛苦，但是同样不可否认的，是我们对于安全感的合理需要。

最后，你需要问自己的是："如何能够换一种思路，用一种更健康的方式满足我的这些美好的需要呢？"比如，为了获得幸福的关系，我是不是可以更直白地告诉别人我的需要与困难，而不是一味讨好呢？毕竟每个人都喜欢真诚的人，不是吗？再比如，为了获得安全感，我是不是可以让自己变得更强大，而不是无底线地委屈自己呢？

通过这样的方式，你会发现，内心的那个脆弱的小孩儿似乎更开心了一些。因为他在你的接纳与引导下慢慢长大了，学会了用一种更加成熟的方式面对自己的需要，用一种更积极的方式与这个世界打交道。

从自我觉察、情绪接纳、信念转换，到新经验的获得、学会爱自己、拥有极好的身心状态，这只是我们"自我救赎，活出自我"SELF 心理自助疗法中的一个简单应用。在书的最后我将为你系统地介绍这一整套方法，并在书中的各个章节持续教你去使用它。

方法 2：做出选择，冲突就不可怕

讨好的人之所以痛苦，是因为内心充满冲突。

一方面想要拒绝别人，另一方面又拒绝不了；一方面想要做个无私的好人，另一方面又压制不住自己的私欲；一方面想要通过讨好与所有人都建立爱的关系，另一方面又对关系的安全有着极强的不信任感。种种的矛盾与冲突带来了强烈的痛苦，于是你常常去想，怎么能消除这些冲突呢？

想要消除冲突这个思路本身已经将我们引入了歧途。冲突是永远存在、无法消除的。阴与阳是冲突，黑夜与白天是冲突，男人和女人是冲突，追求事业与回归家庭是冲突，严师出高徒与爱的教育是冲突。矛盾无处不在，但它本身不是问题，问题在于你有没有能力坚定自己的选择。

如果讨好型人格的人能够坚定地"自私自利"，或者坚定地无私付出，都不会感到内心的痛苦。问题是你既想满足自己的需要，又想维持大公无私的形象，既不想遭受损失，又想表现得慷慨大方。这也是很多讨好型的人都有"选择困难症"的原因。

也许是因为你搞不清自己想要的到底是什么，也许是因为过于贪心、鱼和熊掌想要兼得，也许只是你不愿意承担选择之后的责任。不论原因是什么，人生必定要有所取舍，并接纳取舍之下的现实。一个人不能既自私又无私，就好像不能一边想要看破红尘另一边又放不下红尘情缘一样。

所以，请弄清楚你的价值观到底是什么，并且勇敢地为此承担责任。哪怕你选择了"自私自利"，你也可以勇敢地对别人说："我就是要优先满足自己的需要，这是我的选择，至于你喜不喜欢这样的我，我也顾不得那么多了。"

这个世界本身就是充满冲突的，但是只要我们的内心足够强大，拥有做出独立判断并选择的能力，能够为自己的价值观承担责任，就没有什么可以困住你了。

方法 3 : "无情"拒绝，做个"狠人"

市面上有很多图书和视频在教大家如何拒绝别人。比如"拖延大法"，当别人向你提要求而你又不好直接拒绝的时候，你就可以使用拖延战略，表面上答应说"没问题呀"，心里却在估计对方的任务要什么时候完成。如果你预估对方的任务要今天完成，就告诉他："不过，我今天很忙，要明天才能帮你。"
如果你估计对方的事情需要这周完成，就告诉他："不过，我这
周很忙，下周才能帮你。"

再比如"万能理由"，既然拒绝别人很困难，就提前为自己
准备几个万能的拒绝别人的理由。面对下班后出去应酬的要求，
我们可以准备一个万能理由，"哎呀，不行呀，我老公看我看得
特别紧，我一晚回家他就发飙。"面对同事帮忙干活的请求，再
准备一个万能的理由，"哎呀，不行呀，我的某某工作还没做
完。"多练习几遍，让它变成你的自动反应模式。

这些方法对于不能拒绝别人的讨好者也许有一定的帮助，
你可以适当地在生活中尝试。但是根据我的经验，这些所谓的
"拒绝技巧"只能在很少的情况下帮助你应付局面，却没能一针
见血地帮助讨好者克服最核心的困难。

你之所以不能拒绝别人，不是因为自己社会经验不丰富、
社交技巧不足，找不到拒绝别人的理由。而是因为你就是有
"乐于助人从而被爱"的内心需要，却又无法平衡自己人性里的
"自私自利"。别人越是教你找理由、越是教你拖延别人，你内
心的冲突就越严重，感受到的痛苦就越强烈。所以，为了真正

摆脱讨好型人格的困扰，勇敢地拒绝别人，你需要学习的不是技巧，而是"无情"地拒绝。

"我现在无法帮你，很抱歉""我不想这样做""我不愿意，真不好意思"，就这么简单。要知道，你越是找理由，你的底气就越是不足，你的底气越是不足，对方就越容易通过对你发脾气、让你内疚、执着央求的方式逼你就范。而对方越是这样，你就越是害怕，拒绝再次失败。与之相反，"我不想，我不愿意"，并且不需要理由。用这样的方式你就摆出了拒绝讨好的"无情"架势，不仅别人会因为你的坚定态度而不再纠缠你，你自己也会因此感到拥有力量。不是我现在有空就一定要帮你，更不是这个东西我不用就一定要借给你，千万不要绑架自己。

在直接拒绝别人的方法之下，你还可以加一些可爱的小步骤。比如，与对方进行共情或者给对方一些解决问题的方法。在你"无情"拒绝同事帮忙干活的要求之后，你可以共情一下，说："工作做不完了，你最近的压力一定很大吧，太不容易了。"这会让对方感到情感上的接纳与支持。或者给他一些解决问题的思路："我知道有一个网站可以解决你的问题，你可以去看看。"毕竟授之以鱼不如授之以渔。通过这样的方式，你和对方的关系可能比你直接帮助他增进的还要迅速也说不定。

　　除了"无情"之外，拒绝这件事从来没有捷径可以走。但不要担心，人们爱的从来不是事事点头的"软柿子"，而是内心强大，能拒绝别人也能帮助别人、能爱自己也能爱别人的"狠人"。

学习笔记

○ 核心讨好型问题：拒绝别人就心慌。

○ 这是因为——

▲"别人很脆弱"的预期：我一拒绝，别人就会生气；

▲"我很脆弱"的预期：别人一生气，我就受不了；

▲"关系很脆弱"的预期：稍有不顺从，关系就完了。

○ 直接后果：疲于应对所有人的需要。

○ 这意味着你需要——

▲疗愈内在的小孩。倾听内心的声音，识别不合理的信念，用更加成熟的方式满足自己对于爱和安全的需要。

▲懂得取舍。搞清楚自己的价值观，勇敢地承担责任，在矛盾中坚定地选择。

▲学习拒绝的技巧。找到适合自己的拒绝方式，不为"拒绝"找理由，爱别人更爱自己。

第 2 章

无条件地附和别人，是一种本能

心悦是一名 28 岁的白领，喜欢读书、善于思考。平心而论，她是个很有深度的女孩子。但是这些年来一直有一个说大不大、说小不小的问题困扰着她，就是很难说出自己的真实想法。

明明渴望下班后能回家泡个热水澡、看看书，悠闲度过安宁的夜晚，但是当同事邀请她一起去逛街、唱歌的时候，她就是无法告诉对方自己其实很想安静地一个人待着，这才是自己真正享受和想做的事情。最终说出口的，只有对同事邀请"好呀好呀"的附和。

和家人、朋友出去吃饭，明明心里很想试试那一道清甜的桂花糖藕，但是当别人问她"来一份酸辣刺激的酸菜鱼如何"的时候，心悦总是说："好呀，你来点就好了，我什么都吃的。"

在工作上心悦也有非常多自己的想法，但从来没提出过。总是领导叫她做什么她就做什么，让她怎么做她就怎么做。"好、好、好""行、行、行"，从不提出异议。

一方面，心悦总是告诉自己："不能表达真实想法，自己也没遭受什么损失呀。"和同事下班后出去逛街，顶多就是一周一两次的事情，维系和同事的友好关系，也是应该做的事情，忍忍就过去了。喜欢吃"桂花糖藕"，下次自己一个人的时候去吃就好了，大家在一起就是要相互迁就嘛。领导的职能就是指挥工作，自己的想法说出来也不一定被采纳，何必浪费时间呢？保质保量完成自己的工作就好了。

另一方面，心悦又隐隐觉得哪里不太舒服，经常觉得压抑，身边没有值得信赖的朋友，偶尔会莫名体验到愤怒、羞耻、恐惧的感受。总而言之，就是一种被困住、活得很不顺畅的感觉。这是怎么回事呢？左思右想，她也没能将这份心灵的痛苦与"无条件地附和别人"这件事情联系起来。

◆ 关键词：压抑自我

"无条件附和别人"的本质是一种对自我的压抑。你有自己的喜好、观点，却因为种种原因从不说出口，这是你对自己主见的压抑。你生来喜欢安静，却为了"合群"而积极地社交，这是你对自己个性的压抑。你完全有能力光芒四射地展示自己，却选择了默默无闻，这是你对自己锋芒的压抑。

生命的本能是向外拓展，只要你看过种子如何发芽就会明白这个道理。而无条件附和这一讨好型人格的表现，就好像千斤大石压在想要舒展自我的种子之上，压在讨好者的胸口，让你毫无喘息的余地。

被压抑的主见：有自己的想法，很危险

人的行为总是遵照着"趋利避害"的原则，"无条件附和别人"这一行为也不例外。你之所以允许它存在，就是因为"无条件地附和"给你带来了得以避免羞耻、压力与恐惧的"好处"。

C　回避羞耻感

只要一个人表达自己，就必然要面对他人否定自己提议、不满足自己的需要的可能性。比如，只要心悦说："我想吃桂花糖藕。"别人就可能拒绝她说："桂花糖藕有什么好吃的，甜得掉牙。"只要心悦说："对这个工作，我有一个更高效的思路。"老板就可能在听过她的想法后说："你的想法太幼稚了，干好自己的工作吧，年轻人还是需要历练，少说话多做事！"这样的回应虽然只是一种可能性，但是却可以带给你巨大的羞耻感。为了回避这份羞耻感，最简单的办法就是不说出自己的想法，无条件地附和别人。

你不希望感到羞耻的愿望很好，如果绝大多数人都按照你

想象的这般回应，无条件附和也算是一种不错的应对方式。但现实是只有很少一部分人会给出令你羞耻的回应，而你却认为每个人都会这样做，并在面对所有人的时候都采取了这种策略。

这种预期主要来自你旧有的"客体经验"，也就是你生命早期与父母或主要抚养者的相处经历。讨好者往往拥有的这样一类"有毒"的父母，他们对于孩子的想法与需要总是持一种粗暴的否定态度。孩子说："我想要买橡皮泥。""有毒"的父母就借题发挥说："橡皮泥！橡皮泥！你看你错字连篇的作文，还好意思要橡皮泥？"孩子说："电视上讲吃味精有害健康，我们家的菜不应该放这个。""有毒"的父母就会极尽挖苦地说："你又懂了？你都吃了12年放味精的菜了，还委屈你了不成？不放味精怎么做菜，你倒是挺讲究，你怎么不上天呢？"孩子只是想要橡皮泥，只是想要分享自己刚刚获知的一种饮食理念，收到的却是父母的挖苦与讽刺，是"我比你高明"的强烈暗示，感受到的是极大的羞耻感。这种经验会一直留存在人的心中，并让你本能地成为一个从不表达自己、无条件附和别人的讨好者。

而讨好者的孩子往往也不愿与讨好者沟通，也是这种客体关系的延续。童年时你从父母那里学到的是如何极尽所能地否定孩子的看法与需要，长大后很自然地你就会在自己孩子身上学以致用，你的孩子也将成为下一个"沉默"的讨好者，未被疗愈的伤痛会在一代一代人中传递。如果你读到了这里，那么就将下一个翻书的动作当作我和你的握手礼吧："谢谢你下定决心，让讨好型人格的痛苦在你这里终止。当你疗愈了自己，就是疗愈了你的整个家族。"

C　缓解压力感

我们表达自己的意愿，就意味着要对自己说的话负责。如果你在工作上发表了自己的主见，就意味着你必须有能力把它做出来，而且效果还要好。如果你在聚会中说出自己想吃什么的意愿，就要承担这道菜不好吃的风险。

这在无形中增加了讨好者内心的压力。当你不发表自己的意见没有将工作做好的时候，还可以责怪别人的工作安排有问题，当你没有参与点菜而吃得不合口味的时候，还可以责怪别人点菜品味差，而如果你表达了自己，就再也无法让别人承担责任了。

这种行为模式虽然在某种意义上缓解了讨好型的人的压力感，让你得以暂时逃避责任，但是却在现实中创造了巨大的困难。虽然在点餐时无条件地附和别人，可以让你在饭菜不可口的时候责怪别人而不是自己，但是别人点的菜怎么可能比自己点的更合口味呢？虽然在人生的重大选择里无条件地附和父母的建议，可以在生活不如意的时候埋怨父母，但是别人为自己选的人生怎么可能像自己选的那样让自己充满热情呢？虽然从不主动展现自己，可以让你免受"展示了自己还是无人赏识"的失落感，但是你也丧失了一次又一次让生活变好的机会呀。

托尔斯泰说："一个人若是没有热情，他将一事无成，而热情的基点正是责任心。"当你通过不负责任来缓解压力感的时候，热情、成就这些美好的东西就与你渐行渐远。

不想为自己生活负责任的那个小孩子，是时候开始成长了！

☾ 拒绝恐惧感

对很多讨好型的人来说，表达自己而不是附和别人意味着对别人的攻击。和朋友一起吃饭，两个人正常点三个菜，如果你主动点了一个，就意味着对方不得不少尝试一个自己喜欢的菜式，你隐隐地觉得这损害了对方的利益。父母认为"这个世界很危险，需要时刻防范别人"，你却认为"这个世界很美好，绝大多数人都是善良的"，尽管如此但要把它说出来，你就会莫名觉得不妥，这不是特意唱反调吗？诉求不同、意见不同都是矛盾，矛盾就是冲突，冲突令我恐惧，我处理不好，千万要避免。

被压抑的个性：与他人一致，才安全

压抑自己的主见虽然令你不舒服，但是这绝不是造成你心灵痛苦的最重要的原因。所谓"我的愿望""我的看法"，大多是一些已经存在于你意识层面的东西，而压抑意识层面的想法是每个社会功能正常的人都具有的能力。例如，你可能虽然会在心里骂自己的领导，但是为了保住自己的"饭碗"，你从来没有真把这些话说出口。你虽然很喜欢一个异性，但是人家已经明确表示不喜欢你，于是你就压抑了自己的爱意，不给对方造成困扰。压抑意识层面的愿望与想法是每个人都会做的事情，只是讨好型的人做得过度了一些而已。所以，压抑主见给你带来的最多是"痛苦"而不是"伤害"，真正让你遍体鳞伤的是你对自己个性的压抑。

◖ 别看，我的本质很丑

一个人之所以无条件地附和别人，看起来是对自身想法与愿望的压抑，但本质上是对自己的不接纳。

心悦在面对同事下班后逛街的邀请时，不能说出"我更想回家一个人看书"的愿望的情况就是一个很好的例子。你下班后想要回家一个人待着这件事，实在损害不到别人的利益，但你就是说不出口，根本原因在于你觉得自己不爱社交的个性是坏的。"社交是一个人重要的工作能力""内向的人在哪里都是吃不开的""不出去和同事应酬，你怎么能拥有朋友""你必须变得外向"，当你想要说出自己的需要时，脑袋里闪过的都是这样的自我告诫。

你的个性是内向不爱社交的，却希望自己外向活泼、社交能力超群，这意味着"我不拥有的个性是好的，而我拥有的个性是坏的"。既然我是坏的，我当然要通过附和别人将真实的自我隐藏起来，以免被别人看到真实而丑陋的我。

但这是一种自我伤害力极强的生活方式。你本身是一朵美丽的花，默默地开放就足够好了，却非要让自己变成一个千斤顶，将卡车支撑起来，你不粉身碎骨才奇怪。

C　我是谁？我很迷茫

当一个人秉承着"我的本质很坏"信念的时候，事情已经很糟糕了。然而更糟糕的是"我连自己的本质是什么都搞不清楚"。

现代生活方式为每个人奠定了一种"弄不清自己是谁"的自我认识基调。你可以去想象一下，如果你活在慢生活的 500 年前，准备去买一壶桂花酒，当你走进店铺的时候，老板一定会仔仔细细地打量你，将你作为一个"人"来看待。如果你手上带了一只金镯子，老板就会为你推荐陈年佳酿，如果你的衣服上满是补丁，老板则会建议你购买本地农民自己酿造的酒。同时，他还会尽自己所能地令你满意，揣摩你的心情，顾及你的面子，尽管这一切都是为了让他自己的生意兴隆。但现在，当你准备去买一壶桂花酒，走进灯火通明的超市，看着琳琅满目的商品，好像一切都很美好，但是本质上你对于商场所有者来说，可能只是年末工作报告上数以万计的"顾客"之一，对于商场的工作人员来说，你只是他们服务的一个"对象"而已。每个人都只是一个标准化的小齿轮，焦虑、怀疑、不安。没有人看到你是谁，因为没有人在乎。你也不知道自己是谁，因为没有人看到！

不过，从另一个角度来看，如果你活在 500 年前，你的父亲是农民，那你生来就是个农民；你的父亲是木匠，那你生来就是个木匠，从你懂事起你就清楚地知道自己是谁。然而当你活在现代，"只要你努力奋斗，就可以成为任何人"的理念根植于每个人的内心，事情就发生了变化。你可以是任何人，也意味着你不是任何人。

在现代生活造成的这份关于"我是谁"的迷茫之下，与他人保持一致变成了一种迫切的需要。你不再寻找自己，而是通过无条件的附和变成了集体的一分子。我虽然不知道自己是谁，但是只要我能够和别人一样，就可以感到安全，"人多力量大、法不责众"，这就是"从众行为"的基本逻辑。

然而，你越是通过与他人一致的方式追求安全，就越容易迷失自己；而越是迷失自己，你就越是希望与他人保持一致从而感到安全，最终陷入恶性循环。在别人的意志里活了一辈子，自己都没找到，还有什么比这更失败的人生吗？

被压抑的锋芒：没有棱角，是为了更好地得到爱

在你压抑了自己的主见甚至个性之后，很自然地你已经没有锋芒可以展露了。但是没关系，因为这正合你的心意。

☾ 被看见很危险

对于讨好型的人来说，展现锋芒是一件令你提心吊胆的事情。你一想到要在工作中表现特别突出，就会莫名心慌："同事们会不会因此而疏远我？领导会不会觉得我不服从管理、喧宾夺主？"你一想到要在人群中发表自己独特的观点，就会莫名恐惧，别人会不会在内心尖酸刻薄地说："就好像你真的很高明一样！"总而言之，你在害怕别人的嫉妒。

"害怕别人嫉妒自己"往往是"我嫉妒别人"的内心投射，正是因为你在内心狠狠地嫉妒着身边的人，才会推己及人地认为别人的内心也是充满嫉妒的。然而，很多讨好型的人为什么会内心充满嫉妒呢？

　　这并不难理解，在讨好型的人看来，别人都能如此顺畅地表达自己的需要与观点、展示自己独一无二的个性，活得轻松而自由。而自己呢？却怀揣着"我是坏的、我的需要不会被满足、我的观点不会被赞同"的底层信念，活得小心翼翼又内心压抑，甚至失去了自己。

　　讨好型的人将内心的痛苦投射了出去，产生了"别人会嫉妒自己"的猜想，从而更加收紧了自己的锋芒，以免被嫉妒之火灼伤。却没有发现嫉妒之火燃烧的地方，不在别处，而是在被自己压抑了的内心深处。

☾ 每个人都爱"乖孩子"

　　曾作为一名合格的"讨好型人格者"的我，也坚信过"乖"是获得爱的唯一方式。几年前我和父亲聊天，他充满自豪地告诉我："你小的时候，特别听话，大人说一次不许做的事情，你从来不会做第二次。"我一边看着父亲充满慰藉的笑容，一边想，为了看见他这种满意的表情，我从小到大到底都给自己建立了一些什么信念。

　　例如，"顺从父母，他们才会高兴。""附和他们的意见，他们才会笑。""做个乖孩子，他们才会温柔地看着我。""听话，才能获得爱。"

在这些信念的指导下，我努力磨平自己的棱角，做个无条件附和的"乖孩子"。然而，我真的获得爱了吗？答案是没有。不是父母没有给我爱，而是我深深地知道，他们爱的不是真正的"我"，而是那个"乖孩子"。

压抑的苦果：讨好了很多人，却没有充满爱的关系

当你压抑了自己的主见、个性与锋芒，只为了获得那么一点点扭曲的安全感、轻松感与爱的时候，你损失的却是与他人之间充满爱的关系。

◯ 没机会被爱的"真我"

你无条件地附和讨好别人就意味着你将"真我"隐藏了起来，而以虚假的面具示人。

我认识一个女孩，人称"派对公主"。她给人的印象是，非常热衷于筹备和参加聚会，并且在各类派对上表现活跃，是活跃气氛的主力，以至于不论是谁组织聚会都绝不会忘记叫上她。

然而，有一次"派对公主"告诉我，她其实非常讨厌人多的场合。"每次聚会结束后我都觉得非常疲惫，那种感觉就好像刚刚打完一场硬仗一样。但我必须这样做，就是因为我是'派对公主'，大家才喜欢我的嘛。"

你将自以为"丑陋"的本性隐藏起来，用自以为"理想"的自我形象与别人打交道。这个时候有两种可能，第一种，别人并不喜欢你展现出来的假我，于是你有机会回归本性；第二种，别人很喜欢你展现出来的假我，于是你就带着这个面具开始了往后的生活。

第一种情况出现的可能是非常小的，因为生活里不存在绝对正确的个性、一定讨人喜欢的性格，所以不论你展现怎样的个性，都会有人喜欢。因此从你决定尝试用假我示人的那一刻起，你走上的就是一条不归路。物以类聚、人以群分，只要你努力展现自己热爱社交的个性，就会吸引那些本不该被你吸引的爱热闹的人。然后，你会越来越骑虎难下，越来越不敢展现真我，因为你的"虚伪"已经让自己身边再也没有了可以欣赏你本性的朋友。

当第二种情况必然出现的时候，你将永远无法获得令自己满意的爱。赞美、喜爱都是你因展现给别人的假我获得的，而从未与他人真正相处过的真我是没有机会拥有的。一种将你当作"别人"来欣赏的爱，又怎么可能令你满意呢？如果在一段关系里你根本体会不到被爱，它又怎么可能深刻而持久呢？

◖ 恨未平，如何爱

当你用"假我"与他人建立关系的时候，还意味着这样一个事实，就是你无法在和对方的相处中自然地获得乐趣。如果你是一个喜欢安静的人，并用真我吸引到了同样喜欢安静的朋友，那么你们就可以拥有下班之后各回各家，各看各书，偶尔交流一下读后感的友谊模式，结果是你舒服、对方舒服、关系舒服。而如果你是一个喜欢安静的人，却用爱社交、爱热闹的假我吸引到了"一个人待着就难受"的朋友，那么你们能够拥有的就只能是你为了迎合他的需要而自己痛苦，或者你为了满足自己的需要而令他难受的、充满了矛盾的友谊模式，结果是你难受、对方难受、关系难受。在这段关系里，不是你难受地迎合对方，就是你愧疚地自我满足，你恨自己、恨对方都来不及，哪里还有爱流淌的空间呢？你都无法发自内心地爱别人，要怎么才能拥有高品质的充满爱意的关系呢？

尼采说："对待生命不妨大胆、冒险一点，因为早晚你都要失去她。生活中最难的阶段不是没有人懂你，而是你不懂你自己。"是呀，不妨大胆一点，活出真我不是"叛逆的高调"，而是每个人都必须回归的最朴素的人生态度。

— ✳ —

你最真实的自己，应该被看见

讨好型的人之所以总是无条件地附和别人，总结起来原因无非两点。第一，觉得表达真实的自己会妨碍到别人；第二，自我形象不稳固，自卑而无法接纳真实的自己。所以如何在不妨碍别人的情况下表达自己，建立稳固的自我形象从而自我接纳，成了最为棘手的两件事情。

方法 1：可以很温柔地"不赞同"

你总认为当你不附和别人而表达自己观点的时候，情景一定是这样的：

朋友找你抱怨同事总是用她的东西，说这个同事爱占人小便宜、做人没有底线，不懂人情世故。你不赞同她的评价，于是说："你觉得同事总是借你的计算器用就是占你的便宜？我看是你太小心眼了吧！这算什么事情呀，我就不在乎。"于是，话不投机半句多，友谊的小船说翻就翻。

你的婆婆告诉你，孩子不应该这么小就上托管班，老师怎么会像家人照顾得这么好呢！你不赞同她的观点，于是说："不送去托管班，你照顾吗？站着说话不腰疼！"于是一场家庭大战就此拉开序幕。

如果你不赞同对方的观点，又不想违背自己的心愿而附和对方的时候，只有严厉批评对方这一条路可以走的话，当个讨好者的确是一个不错的选择。然而，这不是一道非此即彼的选择题，你还可以选择温和地表达你的不赞同。忽略对方的观点，附和对方的情绪！

例如，"同事总是用你的东西，这让你很不舒服吧？""你担心托管班照顾得不够好，让孩子受委屈，是吗？"既然你不赞同别人"总是用我的计算器而不自己买的人就是坏蛋""孩子应该再大一点才能送去托管班"的观点，那就忽略它。观点这种东西就是一个想法而已，有的人认为榴梿是香的，有的人认为榴梿是臭的，还有的人之前觉得臭现在觉得香，有什么争执的必要呢？但是你也实在没有必要附和对方，明明觉得榴梿"难吃到爆炸"，嘴上却说"好吃好吃"，甚至为了让别人信以为真还努力地咬上一口。

不论对方的观点多么不靠谱，有一些东西是不可否认的，就是情绪。别人总是用朋友的东西，朋友就是不满。婆婆就是受不了孩子受一点委屈，一想到这件事她就难过。不满、难过，这些感受都是真实的，你能不允许对方不满，还是能不允许对方难过呢？这就有点不讲道理了。所以，在忽略对方观点的情况下，看见并附和对方的情绪。

通过这样的表达方式，你不仅从讨好型人格的问题中走了出来，不必委屈自己附和别人。同时你也会拥有良好的界限感，将对方的情绪还给对方。更棒的是，你还会与身边的人建立起更加亲密的关系，因为没有人可以抗拒情绪被看见的这份被爱的感觉。

方法 2：表达情绪，而不是带着情绪去表达

当你有一些需要无法说出口的时候，道理也是一样的。你总认为当你说出自己的需要时，情况是这样的：

同事邀请你下班一起逛街看电影，但是你更想回家一个人看看书、泡个澡。于是你说："我不想去，下班逛街有什么意思呀？浪费时间。"同事听了很不高兴地说："逛街浪费时间，做什么不浪费时间呀？你不想和我一起去就直说呗！"

领导交给你几件工作，希望你同时开展。但是你实在不擅长一心多用，想要一件一件来。于是你说："有你这么安排工作的吗？我一个人能同时干那么多事情吗？你也太强人所难了。"领导听了很生气地说："谁不是手头有很多工作，怎么就你工作能力这么差？！"

当你认为一表达自己的愿望，事情就会向失控的方向发展时，自然不敢表达自己的需要，毕竟工作是重要的，友谊是不可或缺的。但事实真的必然如此发展吗？显然不是。你的需要可以被温柔地表达，不做判断，而是表达情绪。

例如，"亲爱的，回家看看书、泡个澡会令我更放松。""老大，我能一件事一件事地去完成吗？这会令我做起事情来更高效，结果也会更好。"你不需要做"下班逛街是坏的，下班后学习是对的""同时安排很多工作是强人所难的"判断，你只需要告诉别人你希望能用自己的方式让自己更舒服一些的愿望，谁能拒绝这种需要呢？

让自己更舒服，是一件与他人无关的事情，没有人会受伤，更没有人会因此遭受损失，任何善良的人都会因为满足了你的要求而感觉更好。同时，你教会了身边的人什么是你喜欢的，什么是你不喜欢的。同事会开始明白自己需要找其他人作为下班后逛街的伙伴，而用其他方式与你保持友谊。领导会开始明白你是一个不善于一心多用的人，从而更愿意委派给你一些耗时长但不繁杂的工作，毕竟知人善用是他的职责嘛。生活会因为你的表达，莫名地顺畅起来。

上述的两种方式可以很好地帮助你化解"表达真实的自己会妨碍到别人"的不合理信念，然而这是远远不够的。只要你的自我形象还不稳固，你就势必会通过附和别人与他人保持一致，获得安全感。只要你还不能接纳自己，就必然会将真我隐藏起来，给自己的生活造成种种困难。所以，以下两种方法的主要目的就是稳固你的自我形象，实现自我接纳。

方法 3 ："从心"发现自我

"我是谁"是个很大的哲学问题，哲学家们思考了几个世纪也没能找到答案。所以想要建立一个绝对稳固的自我形象是不可能的，也没有必要。作为一个普通人，你只需要建立起一个相对稳固的自我形象就可以了。

什么是稳固的自我呢？就是你最难失去的那一部分，发现并将它作为你最珍贵的东西。举一个例子，如果你认为职称是你、车子是你、房子是你，觉得这是生命中最重要的东西，那么你的自我形象一定很不稳固，因为它们是很容易失去的。而如果你认为身体是你、性格是你、感受是你、记忆是你，那么你的自我形象就会更稳固，尽管我们总有一天会失去身体与感受。不知生，焉知死，作为一个普通人能将活着的事情想明白已经称得上大智慧了。

然而，到底要怎么做才能将自己的注意力从让人迷失的外在，转回到内在的生命本质上呢？你可以通过简单的冥想来实现它。

例如，每天用五分钟，感受自己的身体。从头到脚地想并感受身体的各个部分，头、脸、眉毛、眼皮、眼球、鼻子、嘴、舌头、牙齿、手臂、大腿、膝盖……每想到一个身体部位，就将注意力放在这个部位 10~20 秒，仔细地感受，你就会发现自己有多久没有体会过自己神圣的身体了。眼球有些发干、发涩的感觉，舌尖残留刚刚吃过的西瓜的味道，脚踩在大地上如此踏实的体验。你越是去感受，就越会有一种很稳固的自我感，因为不论什么时候，只要你需要，身体都会稳稳地在这里陪着你，它不会消失，不会改变，永远是你最重要的一部分。

你也可以用 10~20 分钟，好好地体验一下这个世界。下雨

的时候，听一听雨打在手上是什么声音，闻一闻空气里的味道
是怎样的，看一看树是如何在风中摇摆的，鸟儿是如何匆匆飞
过的，感受一下风吹过身体时是寒冷还是惬意。吃饭的时候，
看一看西红柿美丽的色泽，听一听咀嚼黄瓜和咀嚼米饭的声音
有什么不同，感受一下筷子的质感，闻一闻饭菜的香气。你越
是练习，就越会明白，这个世界是因为你的主动体验而丰富多
彩的。你不需要与谁一致，只需要简单地存在，就可以体验到
足够的喜悦。

方法 4：自我接纳，只需三步

　　很多人误以为自我接纳就是心里明明知道自己不行，但还
是要告诉自己"你能行，你最棒了"。这不是自我接纳，反而是
对自己最大的不接纳。你明明在公司业绩考核中排了倒数第一，
却告诉自己："你的工作能力是非常强的。"这是通过自欺欺人
的方式，避免看到自己"不行"的真实。

　　真正的自我接纳是：第一，勇敢地承认你的现实；第二，
发现这份现实下的优势；第三，向着自己想要的方向努力。

　　例如，你在公司业绩考核中排倒数第一，既成事实，接受
它，我现在就是工作能力不足。然后去想一想业绩考核倒数第

一有没有什么优势呢？当然有了，排名第一的人一定怕保不住自己的名次，但是你没有这么大的心理压力，因为没有人会和你抢这个名次。接下来去想一想，我可以做些什么提升自己的工作能力呢？比如，考研、上学习班、向有经验的人请教。最终你会发现，"工作能力差"的你一样可以很出色。

再例如，我的性格很内向，无法像别人那样快速与他人打成一片。接纳它，我就是内向的性格，天生如此，我不想也没有办法变成一个外向者，就像苹果再努力也变不成菠萝一样。然后去想一想内向有什么优势呢？当然有了，我善于倾听、擅长思考，这都是内向者的优势。接下来，我可以做些什么发挥自己的内向优势呢？比如，尽量与朋友一对一地会面，进行深度交流，而不是盲目地参加多人的热闹聚会。选择可以"将一件事做到极致"的工作，而不是需要与很多人打交道的差事。你会慢慢地发现，自己拥有了越来越多高质量的友谊、越来越精进的工作状态，这不是比需要不断应酬才能保持的关系、换成谁都可以做的工作更令人愉快而满足的事情吗？

学习笔记

○ 核心讨好型问题：无条件附和别人。

○ 主要表现形式：不表达主见、压抑个性、避免崭露锋芒。

○ 这是因为——

▲ 回避被拒绝的羞耻感、承担责任的压力感和面对冲突的恐惧感；

▲ 对真实自我的不接纳以及"我是谁"的迷茫；

▲ 对于嫉妒的恐惧以及"乖才会被爱"的不合理信念。

○ 直接后果：讨好了很多人，却没有充满爱的关系。

○ 这意味着你需要——

▲ 让别人看到真实的你。不再附和他人的观点，而是温柔地接纳他人的情绪。勇敢地表达自己的需要与观点，温柔而坚定。

▲ 看到真实的自己。通过冥想，将注意力从金钱、地位等外在的东西，转移到身体、感受等更加稳固的自我本质上，建立稳固的自我形象。

▲ 接纳真实的自己。勇敢地承认关于自己的事实，发现这份现实下的优势，并向着自己想要的方向努力前进，在自我接纳下为自己创造更加美好的现实。

第 3 章

让我提要求，不如『杀』了我

梦涵是一名在读研究生，温柔善良、乐于助人，和寝室里小伙伴的关系都不错。有一天晚上，梦涵突然发了高烧，浑身发冷，迷迷糊糊。她真的很需要有一个人能够去帮她买一些退烧药。可是当她强撑着坐起来的时候，发现寝室里每个人都已经睡着了，甚至有人已经发出微微的鼻鼾声。"大家都睡得正香，该叫谁起来帮我呢？"梦涵有些犹豫，思来想去放弃了这个念头。"没关系，挺一挺就过去了，谁还没发过烧，不要小题大做！"她这样告诉自己。

第二天早上，梦涵烧得更严重了，浑身酸痛得厉害，她知道自己必须去医院看看了。"我真的好难受，浑身无力，有没有人能陪我一起去呢？这样我就不会那么害怕了。可是，早上还有课，陪我去医院的话，她们就要请假了！对，我还没有请假，要打印假条，找老师签字，可是这么早只有很远的那家打印店开门，如果我让她们帮我请假，她们一定会觉得很麻烦，她们还可能迟到。算了，我自己来吧。"

　　于是梦涵发着 40 度的高烧，自己去打印店弄好了假条，又自己打车去了学校附近的医院。医生说，她得了肺炎，需要住院治疗。

　　当梦涵躺在病床上，看着静点药物一滴一滴流进自己身体的时候，不知为什么，她忍不住哭了起来。"我好想打电话给妈妈，要她来陪陪我，可是……她要从老家坐十几个小时的车，还不得不耽搁好几天的工作。况且上次打电话的时候她说最近奶奶身体不好，她一直在照顾，她要是来了奶奶该怎么办呢？"

✦ 关键词：既自卑又自恋

　　没办法向别人提要求，其实是既自卑又自恋的内心冲突的表现。一方面，梦涵有着深深的自卑感，"别人的睡眠不被打扰是比我退烧更重要的事情""别人上课不迟到是比我身体舒适更重要的事情""奶奶被照顾是比我被照顾更重要的事情"，正是这些"别人很重要，而我无关紧要"的判断让梦涵做出了凡事靠自己的决定。另一方面，梦涵有着深深的自恋，"我不需要靠别人，去医院看病、打印假条，我自己都能做到。"似乎一开口求别人，就会让她的全能自恋感破碎一样。

不能被打破的自恋：没法接受别人说 NO

"自恋"这个词你一定听过，经常被用来形容过度自信、骄傲自大、以自我为中心的那类人。这和讨好型人格有什么关系呢？

C　全能的我不该被拒绝

其实，"自恋"不止一种表现形式。这个心理学概念源于英俊少年纳喀索斯爱上自己水中的倒影而无法自拔的希腊神话，故事中的少年因为无法得到自己的倒影而郁郁而终，最终变成了一朵水仙花。自恋指的不只是孤芳自赏的状态，还是一种"我一动念头和我浑然一体的世界（妈妈或者主要抚养者）就会按照我的意愿来运转"的婴儿般原始的执念，是一种自己无所不能的错觉。

在这种错觉下，有的人显得非常自大，认为全世界的人都应该听他的。也有的人常会讨好别人，无法提出要求，因为提要求等于是在现实中检验自己"无所不能"的执念，而这种执念显然是经不住现实检验的。

讨好型的人往往会认为：自己无法向别人提要求，是为他人着想、不给别人添麻烦的表现，却忽略了内心因为他人可能拒绝而产生的羞耻与恐惧。向别人提要求首先意味着"依赖"，也就是我的的确确有一些事情做不到，需要他人帮助的事实。这会让讨好者感受到第一层的"自恋受损"，毕竟无所不能的人是不需要别人帮助的。接下来，讨好者还会产生被他人拒绝的想象，直接的拒绝或者不情不愿的帮助都会让你感到非常难为情甚至愤怒，因为这会彻底粉碎你的自恋感，"世界不是围着我转的，我受不了这份屈辱"。这就好像一个小孩子因为总是打不开抽屉而大发脾气并拒绝继续尝试一样，你努力用不提要求的讨好行为掩盖着这份不能控制每个人为你服务的挫败感和羞耻感。

◖ 不可言说的自恋

自恋是一种很原始的心理状态，甚至常常被说成是一种"巨婴"的表现，是很难被社会生活接纳的一部分。你敢告诉别人，你希望所有人都能围着你转、无条件地为你服务吗？只要你敢说出来，别人就会批评你自私自利，并且对你避而远之。

所以，你必须将它小心地隐藏起来，并用一种更容易被接纳的方式将其呈现。

不能向别人提要求，看起来是在为别人考虑，本质上却是一系列关于你自己的问题。"我向他提要求，他会满足我吗？""如果我被拒绝，我将会多么难堪？""我麻烦了他人，他会不会不喜欢我？"

不愿意麻烦别人，看起来是"别人的需要比我的需要更重要"的自卑感，本质上却是"我应该比任何人都重要"的底层信念。就好像一个长相普通的女孩子总是为自己的样貌自卑一样，看起来是自惭形秽，本质上却是觉得自己应该长得像电影明星一样漂亮的自恋感在作怪。

这也是很多讨好型的人看不得"别人不如自己"的一个重要原因，当你看到别人受苦而自己舒服、别人牺牲而自己获利、别人输而自己赢的时候，你苦苦压抑的自恋感将得到巨大的满足。为了压抑这份不可对人言说的"爽"，你选择了讨好，选择了让自己保持一个很低的姿态，甚至通过不向他人提要求让自己永远无法得到满足。

被放大的自卑：一被满足，我就内疚

说到"自恋"，自卑的问题永远跑不掉。他们就像一对孪生姐妹，形影不离地出现在每个讨好者身上。

就好像每一个"我不够好"的自卑感里都隐藏着"我必须完美无瑕"的自恋感一样，每一个"我是全能的"自恋感都必然要面对"我不完美"的现实，并产生自卑情绪。

C　我不配被满足

讨好型的人无法向别人提要求，一个重要的原因在于"不配感"。"自恋"让你觉得自己是无所不能的，但现实中的每一件事情都在告诉你："你想错了。"你支配不了别人，控制不了事情是否发生，不确定别人对你要求的反映。在这份落差里你得出了一个结论：我很差劲。既然我这么差劲，怎么配被满足呢？

如果一个人认为自己是小公主，她就会觉得锦衣玉食是自己应得的东西。而如果一个人认为自己是一个落魄乞丐，她就会觉得残汤剩饭才是自己的生活，你让她拿着金光闪闪的刀叉吃着从异国他乡刚刚空运来的新鲜食材，这会令她很不自在。

一样的道理，当你认为自己足够好的时候，你就会勇敢地向别人提要求，因为你觉得被爱、被满足是你应得的东西。而如果你认为自己是一个感情上的乞丐，你就只会被动地等着别人施舍给你一些善意与帮助，而不是主动地去索要，因为期许自己不该拥有的东西会让你愧疚难当。

◖ 填不满的父母

父母不恰当的教育方式也会加深一个人的不配得感。

很多父母秉承着"表扬使人骄傲，骄傲使人退步"的价值观，并将其不遗余力地放在了对孩子的教育上。你考了 99 分，开开心心地回家，内心是多么渴望和父母分享这份成就与喜悦呀。然而，你的爸爸听到消息后，没一点高兴的样子，板着脸对你说："一次考试说明不了什么，高考才是最重要的，别骄傲！"你的妈妈听到消息后，也看不出来什么情绪，一边做菜一边说："不是还有 1 分没有得到嘛，分析分析问题出在哪里了！"你有一点失落，也有一点失望，然后你开始明白，即便自己考了 99 分，仍然不配得到父母的表扬与认可。我永远是不够好的，不配得到自己想要的东西。

还有很多父母因为自己内心的冲突而坚信"人一被满足就会变坏"，以至于满足孩子的要求总令他们心惊胆战。孩子想要吃炸鸡，他们会说："不行，油炸食品有害健康，你应该多吃青菜。"孩子想吃青菜，他们又会说："不行，青菜没有营养，你要多吃肉。"孩子周末想要去同学家玩，他们会说："不行，你要好好学习，安心在家写作业。"孩子周末想要在家写作业，他们又会说："不行，总是坐着脊椎会变形，为什么不出去运动一下呢？"反正所有的要求都是坏的，你最好不要提，不然我一定不让你如愿。在这样的互动模式下，谁还敢轻易将自己"不被允许"的要求提出来呢？

父母的偏心和比较也会造成不配感。很多在"重男轻女"的家庭氛围中长大的女孩子，都会有深深的不配得感。奶奶每天早上会给弟弟做早饭，却没有我的。爷爷每天会偷偷给弟弟一块钱，却不会给我。孩子不会认识到这是爷爷奶奶的"有毒思想"所致，只会认为这是因为自己不够好、自己不配被爱。如果父母经常将你与其他兄弟姐妹或者"别人家的孩子"做对比，也会让你产生自己不够好的自卑感，并不敢为不够好的自己提出任何要求。

这样的父母就好像一个永远填不满的黑洞，你用尽了全身的力气想要填满它，获得想要的爱与认可，以至于根本没有精力顾及自己的需要，更不敢奢望得到满足。

◯ 爱自己≠自私自利

"爱他人是道德的，爱自己是不道德的"，这个思想也会让你很难对别人提出要求。孔融因为让梨而被选进语文课本，舍己为人的事迹总是被不遗余力地宣扬，似乎爱自己与爱他人是背道而驰的两件事情。你会觉得向别人提要求是损人利己、道德败坏的行为。

然而，爱自己和爱别人真是彼此矛盾的吗？显然不是的，从逻辑的角度来说，爱别人的最高境界就是爱众生，而显然你自己也是众生中的一个，如果你连自己都不爱，怎么谈爱别人、爱众生呢？

从现实经验的角度来说，那些为了孩子牺牲一切的母亲总会养出"糟糕"的后代，反而是那些懂得爱自己并且爱别人的母亲才会抚养出健康而优秀的孩子。因为"无私"意味着道德的制高点，让身边的人不能挑剔、不能埋怨、不能亲近，站在这个位置上，你不觉得冷吗？

所以，请时常告诉自己：我是一个普通人，我不需要用那么高的道德标准要求自己。如果我有一个梨子，能不能我一半别人一半呢？紧急情况下，我要如何在保护好自己之后，让更多人得到帮助呢？要记住，爱自己不是自私自利，而是爱一切的基础。

既自卑又自恋：进退两难的矛盾

现在，你的内心已经充满了：因为害怕自恋受损而存在的依恋冲突，为了隐藏自恋而自我贬低的痛苦感，"我不配"的自卑感，无法让别人满意的无力感，站在道德至高点上的孤独感。然而一切并没有到此结束，自卑与自恋不仅会作为痛苦交替影响着你，还水火不容地激烈交战，给你造成更深的痛苦。

C 不满足不行，满足也不行

对于一般人来说，只有自己的要求没有被满足的时候才是痛苦的。你想要吃一个橘子，别人不给，你会难受，但是这份难受非常简单。对于讨好型的人来说，自己的要求不被满足的痛苦却是很复杂的。别人不满足你，你痛苦。需求没有被满足的失望，自恋受损的无力，恨自己提了这种傻要求的羞耻全都会出现。别人满足你，你更加痛苦。得到了自己不配拥有的东西的尴尬，因为太久没被满足过的慌乱，自认为损害了别人的利益而对自己进行的严厉批判，又会一股脑儿地被体会到。可真是"进亦忧退亦忧，然则何时都乐不起来"了。

自卑或者自恋本来都是一条可以走通的道路，别人满足你或者不满足你都是一件概率 50% 的小事，但是当你既自恋又自卑，怕别人不满足你更怕别人满足你的时候，就没有路可以走了。除了让自己陷在进退两难的地狱里，还能做什么呢？

不提要求不会让痛苦消失

在这份进退两难的痛苦之下，讨好型的你选择了不提要求。在困惑之下，这当然是一个不错的选择。但是"不提要求"并不能真正终结你的痛苦。

你之所以不能向别人提要求，根本问题不在于"要求"，而在于"冲突"。所以，"不提要求"是治标不治本的方法，冲突不解决痛苦仍会随时卷土重来。

自卑的你觉得自己不配被满足，这本身就会让你感到痛苦。于是你会想象出一个理想的自我来，这个理想的自我是那么好、无所不能，被所有人爱着、满足着，与你自恋的部分相互依存，这就是讨好者总是喜欢做白日梦的原因。然而，现实会让你的理想破灭，这很好理解，你希望自己是全能的神，但是现实中你只是一个普通的人。而当理想的自我形象遭到挑衅的时候，愤怒是一种很正常的反应，这就是即便你不向别人提要求也无法消除的第一重痛苦。接下来，你还会因为愤怒无法表达而产生压抑的痛苦。一方面，讨好的性格不允许你表达愤怒。另一方面，你的自恋仍然需要别人的赞美来维持，不能得罪他人。更何况，愤怒这种感受本身就是需要压抑的，你会告诉别人"你没有将我像神一样对待，所以我恨你"吗？显然是不可能的。

C 心情就像坐上了过山车

除了愤怒与压抑，你的心情还会像坐过山车一样忽上忽下。

中国人认为，"不以物喜，不以己悲"是一个人处事深远、心胸开阔的理想状态，不因为外物的好坏和自己的得失而高兴或者沮丧，才能获得内心的安宁。而讨好型的人恰恰相反，别人表扬了你一句，你就觉得飘飘然，别人批评你一句，你就感觉自己受到了莫大的羞辱。自己的努力得到了回报就觉得自己什么都行，做一件事情暂时没有看到结果就觉得自己什么都做不成。究其根本，仍然是自卑与自恋的冲突在作怪。

一个人之所以能够不被外界境遇的好坏所影响，最重要的原因在于他清楚地知道自己是谁。只有一个人拥有稳定的自我感，才能明白别人说我好并不会让"我"变得更好，别人骂我坏也并不会让"我"变糟糕的道理，才能真正做到"举世誉之而不加劝，举世非之而不加沮"。而讨好者的内心对于"我是谁"是很迷茫的，有的时候是无所不能的神，有的时候是卑微的尘。所以外在情况的变化会让你时而印证"自己是神"的结论，时而印证"自己什么都不是"的结论，从而心情忽起忽落，不得安宁。这就是即便不提要求也无法缓解的第三重痛苦了。

矛盾的苦果：不断加深的自卑感

如果说自卑与自恋的冲突带来的愤怒感、压抑感、不安感仍然属于一个人的内心世界，并没有给你的现实生活带来困扰的话，那就大错特错了。"不能向别人提要求"只是这份内心冲突在现实世界中投下的一片小到不能再小的阴影而已，真正的黑暗你尚未察觉。

(不给别人爱你的机会

"爱"包含了责任、承诺等一系列复杂的内容，但是回到最本质的行为层面，无非就是两个人的相互麻烦。亲情是我小的时候麻烦你照顾，你老了麻烦我照顾。爱情是你今天送我一束花，我明天给你做一顿早餐。友情是你今天听我说说烦心事，明天我给你肩膀靠一靠。

然而，当你因为内心的冲突而停止了麻烦别人的这一行为的时候，就再难感受到别人对你的爱意了。你需要老人帮你周末带一下孩子，但是没有开口，老人到底会不会拒绝，我不知道，我只知道你根本没有给亲人对你表达爱意的机会。梦涵真的很需要同学照顾一下生病的她，但是没有开口，她的同学到底会不会因为在睡梦中被叫醒而满腹牢骚，没有人知道，但可以肯定的是梦涵根本没有给同学帮助她的机会。你不是在通过不提要求讨好别人，而是在拒绝别人爱你的意图。

然后，你被爱的需要将永远得不到满足，并从这份不被爱中滋生出更深的自卑感，从而陷入越自卑就越不敢提要求，越不提要求就越无法被满足，越无法被满足就越缺爱，越缺爱就越自卑的恶性循环之中。

⊂ 不敢行动的"高手"

当你想要去实现梦想的时候，自卑与自恋的冲突也会冲出来阻止你，让你迟迟不敢行动。

　　我有一个朋友，一直想当一名作家，他经常对人说自己要写出一本惊世骇俗的小说。但是一拿起笔，他就一个字也写不出来了，这令他非常苦恼。其实这并不难理解，当你认为只要自己一落笔，就该写出传世佳作的时候，谁都会因为巨大的压力而无法前行。看着自己好不容易写出来的那几个不怎么通顺的句子，简直是对自己的羞辱，谁会持续地自取其辱呢？然后，你就陷入了一种无法行动的状态里。

　　但是不落笔，怎么能成为作家呢？不接纳自己是一个需要不断练习才能成功的普通人的事实，怎么能达到自己的目标呢？

　　自卑与自恋的冲突只会让你成为一个梦中的绝世高手，而在现实中注定眼高手低，无法取得任何成就。

　　越自恋就越无法接受现实，越无法接受现实就越失败，越失败就越自卑，越自卑理想与现实的差距就越大，理想与现实的差距越大就越难以接受现实。最终只能在逃避与白日梦中虚度自己的一生。

— ★ —

化解内在冲突，走出心灵困境

自卑与自恋的冲突并非不可化解，只要掌握方法，你就可以轻松消除内心的痛苦。

方法 1：看到自卑与自恋背后的美好需要

听我说了这么多，你可能陷入了新一轮的内心冲突中，认为自己实在是坏透了，既自恋又自卑，无药可救。然而，这并非我的本意，不论你是自恋或者自卑，都有其合理性。批评不会让事情好起来，只有接纳才能化解冲突，你需要做的是看到自卑与自恋背后的美好需要。

首先，通过分析我们已经意识到了自己自恋与自卑的问题，但是这还远远不够，自卑与自恋只是概念，你需要去识别出问题的本质。比如，因为自卑不敢向他人提要求的本质在于：我觉得自己很糟糕，不配被满足，万一别人拒绝了我，我会觉得自己更糟糕，我不愿意面对这样的自我评价。再比如，因为自恋而不敢向他人提要求的本质在于：我觉得别人应该百分之百地满足我，可是一旦提要求我的全能感就会受损，我不想面对这样的事实。一般来说，问题的本质总是在于行为可能引起的负面自我评价，向着这个方向去想问题，往往会有令你惊喜的发现。

在你识别出问题的本质之后，你就可以开始尝试“将问题变为资源”了。“害怕自己不够好”“害怕自己不值得”“害怕别人的拒绝”这都是问题，但是在每一个问题背后都存在着资源。害怕自己不够好，意味着我希望自己足够好的愿望。害怕自己不值得，意味着我希望自己值得被爱的渴望。害怕别人的拒绝，意味着我希望被接纳的意愿。这些都是非常美好的东西，是你重要的人生资源。当你这样去思考的时候，你就平等地接纳了自己的自恋与自卑，它们不再是水火不容的矛盾，而变成了并肩支持你的资源。

接下来，当你将目光从问题转移到自己的美好需要的时候，你就可以开始向着充满希望的未来前进了。问一问自己：如何才能实现我讨好型人格问题背后的美好愿望呢？为了变得足够好、为了感受到别人的爱、为了被接纳，我可以做些什么呢？比如，将真实自我更多地敞开带给身边的人，更勇敢地表达自己的需要，让自己变成一个更有爱的能力的人都是很好的选择。我不知道你的答案是什么，但是我敢肯定的是，继续用自卑去掩盖自恋的问题，用不提要求的方式去讨好别人，绝对是与你的愿望背道而驰的。

通过这三个步骤，你将接纳自己的所有部分，而不是将自恋与自卑分别隐藏，并任由它们在内心不断交战。自恋和自卑都是你很好的部分，只要你有办法让它们为你所用。

方法 2：进入合一的状态

无论是自卑、自恋还是两者冲突的问题，本质上都是我们没有处于"合一"的状态导致的。首先你是你，然后有一个无所不能的理想的你，最后还有一个在你看来卑微到尘埃里的你，这就出现了三个"你"，是不是很可怕呢？事情并没有到此结束，同时存在的还有在未来可能被拒绝的你，在过去没有得到爱的你。当你的身体里存在着这么多个自己的时候，你怎么可能不感到痛苦呢？

那要如何结束这种分裂的状态，进入"合一"呢？答案是，止息思维活动。

多个自我之所以会分裂存在，最根本的原因在于你的思维活动。你用思维去判断：这是自卑的表现，这是讨好型人格。

你用思维去批评：不能这样做，为什么就是做不到向别人提一个小小的要求？你用思维去创造时间：在未来我会因为他人的拒绝而感到羞耻，在过去我的父母总是拒绝我简单的渴望。却忘记了，在当下，最真实的那个当下，有一个最真实的自己，需要真实地与这个世界打交道，而不是困在虚无缥缈的思维活动里并感到痛苦。

为了止息思维活动，你可以使用以下几种非常好用的方法。

第一，回归到呼吸当中。当你用思维活动创造问题的时候，其实是处在一种与身体失联的状态中。一个人是很难既专注于自己的身体，又不断进行思维活动的。不信的话，你可以尝试一下。只是去观察你的呼吸，不要去控制它，不要去干涉它，只是观察，然后你就会发现四分五裂的自己开始聚拢起来，只有呼吸代表的那个自己是强有力的存在。

第二，问自己："当下到底有什么问题？"当下的意思就是，你一个人，站在大地上，呼吸着。可能看到眼前有一本书，听见窗外的鸟鸣，闻到空气中的味道，感受到皮肤的温度。还可能有一个人用他的喉咙发出了一些声音，试图让你获得一些信息。这就是当下，当下没有任何问题，只有体验，只有合一。

第三，从抽象回归具体。害怕别人会拒绝你的要求，这是一个很抽象的概念，你可以将它变具体。"别人拒绝你"具体来说是这样的，"别人"是由分子构成的有机体，"拒绝"是这个有机体用他的一个器官发出了一些声响，或者是面部出现了眉头微微皱起的表情，"你"则是另一个由分子构成的有机体。所以别人拒绝你具体来说就是，"一个由分子构成的有机体用他的一个器官发出了一些声响，用他的面部做出了眉头微微皱起的努力，并被另一个分子构成的有机体的一个器官——眼睛接收到了。"而这有什么可怕的呢？在生命的合一里，只有具体的现象，没有"拒绝"这么令人困扰的概念。

你看，不能拒绝别人的讨好型人格问题是不是上天给你最美的礼物呢？通过疗愈它，你走上了"合一"的道路。所以，试着闭上眼睛，对自己的"讨好型人格"说：谢谢你指引我，我爱你。我过去没能看见你、理解你，真的对不起，请你原谅我！

学习笔记

○ 核心讨好型问题：无法向别人提要求。

○ 主要表现形式：总怕麻烦别人，凡事靠自己。

○ 这是因为——

▲ 自恋的冲突：依赖别人和被拒绝会让你的"自恋"受损；

▲ 自卑的冲突："我不配被满足"的不合理信念；

▲ 自卑与自恋的冲突：害怕拒绝，更怕被满足的矛盾。

○ 直接后果：不断加深的自卑感。

○ 这意味着你需要——

▲ 看到自卑与自恋背后的美好需要。自卑与自恋背后是你希望被爱、被接受的美好意愿。只要平等地接纳二者，就可以让它们从水火不容的矛盾，转变为并肩支持你的资源。

▲ 进入合一的状态。你的痛苦来自于四分五裂的自我，进入合一的状态是自我救赎的重要方法。通过回归到呼吸当中、问自己"当下到底有什么问题"、将问题从抽象变具体的方式，你不仅会疗愈自己的讨好型人格问题，更会因此走上心灵成长的正确道路。

第 4 章

不等别人说，主动行方便

欣瑶刚刚过了三个月的试用期，终于有了属于自己的办公位置。虽然作为一个新人，她的座位在饮水机、打印机旁边，人来人往，但是她的心里还是美滋滋的。

早上是大家来饮水机这里接水的高峰期。欣瑶一边处理着手头的工作，一边听着饮水机发出咕噜噜的声响，随着水位下降，音调发生着轻微的变化。突然，流水声越来越小，一个中年女子说了一句："哎呀，没水了。"欣瑶突然心中一动，下意识地放下了手头的工作，"我来帮你换水吧。"她说。于是，欣瑶去茶水间提了一大桶饮用水，艰难地将它搬运了回来，而刚刚要接水的同事早已回到了自己的办公位置。欣瑶心里有些不是滋味，但还是说了一句："有水了。"对方看了她一眼，甚至都没有微笑，只是没什么感情地说了一句："谢谢。"

中秋节快要到了，单位为员工准备了月饼作为福利。负责采购的是一个干瘦的女孩子，欣瑶看着这么瘦小的一个女孩子却在一个人干着搬运、派发的体力活，心里莫名有些不安。于是，她再次站起身，对那个女孩子说："要不要帮忙？"女孩子有些感激地看了她一眼："没关系，我自己来吧，你真好，谢谢你。"听对方这么说，欣瑶更加坐不住了，"我帮你分类，你来派发吧！"她说。

快下班的时候，欣瑶接到了一个电话："你的快递到了，下来正门拿！"她刚准备下楼，听到隔壁工位的人也接到了拿快递的电话。于是欣瑶问道："你也是正门拿快递吗？我帮你一起拿了吧？"对方迅速说："太好了呀，多谢多谢。哎，欣瑶，我一会儿要去开会，可能还有一个快递，你能帮我再拿一下吗？"

一天下来，当欣瑶终于回到家躺在自己的小床上的时候，巨大的疲惫感向她袭来。不知不觉，欣瑶睡着了。梦中她正在公交车上给一个大肚子的女人让座，而那女人一回头，却是一张青面獠牙的魔鬼脸。

✦ 关键词:"好人"人设

　　讨好型的人总是不等别人说,就积极主动地帮助他人。表面上看这是一种乐于助人的行为,没什么问题。但本质上,问题非常大。因为"乐于助人"本该是快乐的,而讨好型的人在帮助别人时,感受到的却是疲惫和痛苦。既然如此,那么讨好型的人为什么还要主动帮助别人呢?答案是保持"好人"人设!

需要被看见的"好人"：不错过任何一个被"贴标签"的机会

其实一个主动帮助别人的讨好者想要的东西并不多，不过是别人的一句夸奖和感激而已。欣瑶搬运着沉重的桶装水，做着不是自己分内的工作，帮别人拿快递，并不是在求对方回报给她什么，她所求的只是对方能够给她贴上一个"好人"标签。

◖ "好人"是训练出来的

你可能会很好奇，一个人就为了被贴上"好人"标签，竟愿意做这么多事情吗？太不可思议了吧。

这很好理解，美国心理学家 B. F. 斯金纳（B. F. Skinner）做过这样一个实验，他将老鼠放进箱子，箱子里有一个杆子，老鼠在箱子里到处乱跑，不小心触动到杆子的时候就会有食物掉出来。然后，第二次，当老鼠触碰到杆子的时候，又有食物掉出来。久而久之，老鼠就学会了只要"压杆子"就可以获得食物的道理。

你是比老鼠聪明千百倍的人类。小时候，当你主动帮助父母做家务、懂得为他们考虑时，他们就会大力表扬你；而当你在他们忙于家务的时候不帮忙，只是自顾自地玩耍，他们就会怒气冲冲地批评你没有眼色，骂你不知道心疼别人，你就会很快学会通过主动帮助别人，就能获得微笑、抚摸、赞扬等奖赏的道理。

讨好型人格不是天生的，而是被训练出来的。每一个乐于助人的"好人"，都只是在重复一种被训练出来的技能而已。就好像驯兽师手中的动物，虽然迎来了阵阵喝彩，却始终摆脱不掉心灵被禁锢的痛苦。

◖ 为了奖赏，什么都可以不要

关于老鼠的心理实验没有到此为止，你的讨好型人格问题也是一样。加拿大心理学家布鲁斯·亚历山大（Bruce Alexander）也做过一个关于老鼠的实验，他将老鼠放在一个笼子里，里面有两种液体可以喝，一种是水，一种是吗啡。结果显示，独自待在笼子里的老鼠最终会因为过量饮用吗啡液体而死亡，而笼子里有一些"游乐设施"可以供其玩耍的老鼠则不太会去喝含有吗啡的水。

实验说明了一个重要的问题，一个人为了获得快乐与奖赏，甚至愿意去死，尤其是当这个人的内心匮乏的时候。

而与死亡比起来，一个人为了获得表扬，主动为别人搬一桶水、拿一个快递、分担一些别人的负担，实在是小事一桩。尤其是当你无法从其他途径获得赞扬与认可的时候。从不表扬你的父母、充满谴责的伴侣、无法获得成就感的工作，都会加深你对于表扬这一奖赏的渴望。而你越渴望就越想努力讨好，越讨好就越会发现自己得不到，越得不到就越迫切。似乎你生命的全部意义就是不错过任何一个为他人行方便的机会，见缝插针地帮助别人，并期许获得别人一丁点儿的善意与表扬。

C　解决温饱还是锦上添花

这就是为什么讨好者的行为不是"乐于助人"的原因。乐于助人的重点，在于"乐"，是一种自己内心很满以至于能溢出很多东西，并用其滋养了别人的状态。而讨好者提供给他人的帮助，重点在于"苦"，是你的内心已经匮乏到了极点，想要向别人讨一些东西的状态，这是完全不同的。

　　这就好像，同样是送给别人一串美丽的珍珠项链，如果是因为你已经有很多条美丽的项链，因此想让别人也拥有一条的话，那么你就是快乐的。而如果你送给别人一条美丽的珍珠项链，是因为你快要饿死了，所以希望换取一些粮食，那么你就是痛苦的。

　　主动帮助别人的行为，是你填补内心匮乏的举措，不是因为内心富足而自然溢出的结果，这就是你无法通过帮助别人获得满足与快乐的原因。

放不下的"好人"包袱：做个"好人"才会被爱

　　除了被贴上一个"好人"标签的奖赏之外，主动帮助别人的讨好者还能因此规避被孤立的恐惧。避免不喜欢的事情发生，本质上也是一种能够强化行为的奖励。

☾ 讨好的基因

　　从某种程度来说，讨好的基因是深植于每个人灵魂深处的。

在自然界中，人是一种非常脆弱的生物，我们没有老虎狮子那样尖利的爪牙，没有乌龟鳄鱼那样坚固的铠甲，如果人类总是一个人游走在世间的话，大概早就灭绝了。人类作为攻击和防御能力都不行的动物，之所以能够成为"万物之王"，最重要的原因在于我们懂得合作，能够发挥群体的力量。

而合作是以"讨好"能力为基础的。当一个原始人在森林里见到了另一个原始人，他们如何知道对方是敌是友呢？微笑，将自己采集的果子给对方一个，把自己的宠物鸟给对方玩一会儿，主动帮对方做一些事情，这些"讨好"行为是必不可少的。

没有"讨好"就没有合作，没有合作原始人就要面对死亡的威胁。你的祖先之所以能一代一代地繁衍，并创造了现在的你，足以说明"讨好"基因是非常强大的。他一定成功地"讨好"了身边的人，不必面对被群体驱逐的命运。所以，比获得表扬更本质的、驱动你讨好别人的动力，是避免被孤立的绝望感。这是祖先给你的宝贵财富，你也的确因此更加容易被他人喜欢，更加容易被集体接纳。所以，不是你的"讨好"行为是坏的，而是你忘记了，自己面对的已经不再是每天都需要上百人合作围猎猛兽的时代，在这个高度分工的社会，"讨好"基因已经过时了。

◖ 被孤立的恐惧

大多数讨好型的人都曾有过被孤立的经验。刚上学的时候，我因为性格内向，不太会与其他人交朋友。下课铃声一响，别的同学都三五成群地拿着毽子、皮筋儿叽叽喳喳地去操场玩耍了，只有我一个人茫然地看着这一切发生。继续待在教室里有些奇怪，自己一个人走到操场上更加奇怪。后来，班主任发现了下课后总是偷偷躲在走廊里的我，并苦口婆心地告诉我要融入集体！她不说还好，她一说我连走廊都没法躲藏了。

再后来，我终于交到了一个"朋友"，可是这并没有让我感觉更好。她总是和别人说我性格孤僻，不喜欢和别人玩，让其他同学都不要理我。这让我在之前的孤单下更多了一重愤怒与恐惧。

就好像皮肤被划伤后会长出坚硬的疤痕，更好地自我保护一样。被孤立过的人，发展出了主动帮助别人的讨好技能，使自己免遭被孤立的痛苦。然而，就好像伤疤总是丑陋而突兀一样，讨好的行为苦涩而艰辛。因为它不是在爱中孕育出的美丽花朵，而是在痛苦中艰难成长起来的荆棘。

想要自我保护的愿望是如此美好，但是要知道，你不再是那个被孤立就毫无办法的孩童了，一个人看看书、玩玩手机不是挺好的嘛，为什么非要找别人和你一起"跳皮筋儿"呢？就算你是个喜欢热闹的人，你也不再是那个只能和班级里的小伙伴交朋友的孩子了，你有更大的圈子可以进入，不是非要讨好某个"朋友"不可。

"坏一点"的经验不足

你之所以执着地做"好人"，并认为只有如此才不会被孤立，才会被爱，很重要的一个原因在于，做些"坏一点"的事的经验不足。

从小你就是一个好孩子，长大之后你变成了一个好员工、好伴侣、好朋友，于是你理所当然地认为自己之所以拥有朋友、和谐的同事关系、有爱的伴侣，一切的一切都是因为你是一个好人。这就好像，你抱着一根萝卜，成功地穿越了危险的丛林，并认为这一切都是萝卜的功劳一样莫名其妙。

叛逆的孩子就没有朋友了吗？不帮同事拿快递的人都失业

了吗？不乐于助人的人都活得凄凄惨惨吗？显然不是的。如果你当初选择抱一颗土豆穿越危险的丛林，你照样可以成功走出来。如果你能让自己更多地获得一些做"坏一点"的事的经验，你就会发现自己仍然拥有亲密的关系和幸福的生活。

而且我希望你知道的是，当你"坏一点"的时候，你将拥有更好的关系。因为当你执着地做一个"好人"的时候，吸引到的往往是"吸血鬼"。这很好理解，一个总是希望别人帮他做这个、做那个的"吸血鬼"如果经常和另一个"吸血鬼"一起玩耍，彼此都想要对方付出而不是自己付出，他们的关系怎么可能和谐呢？而如果有一个不等他说，自己就伸出手臂给他吸的"好人"，将是多么理想的伙伴呀。所以，当你"坏一点"的时候，"吸血鬼"会觉得很不方便，自然离你而去了，你就会因此拥有更加美好的伙伴与关系了。

界限不清的"好人"：总想为别人的人生负责

说了这么多，似乎讨好型的人之所以总是主动帮助别人完全是出于利己的目的，不论是获得奖赏还是获得爱。但是这样说是有失公正的，讨好者之所以为别人主动行方便，当然有希望别人更舒服一些的"利他"目的，但是这并没有让讨好行为"高尚"起来。

☾　你想拯救的到底是谁

我有一个来访者，特别看不得其他人起冲突，只要有人争吵，她就会非常不安，并主动为他人调解矛盾。有一次，办公室里的两个女孩因为工作上的事情发生了争执，小李认为这项工作很重要必须精益求精，小张则认为工作时间有限，不可能每件事都尽善尽美。这件事本和她毫无关系，但是听到同事争吵她就坐立不安。于是她趁着小李去开会，劝慰了小张："小李也是希望将工作做好，那天开会还重点提及了这项工作，公司高层都很重视。"中午的时候，她又单独约了小李出去吃饭："小张说的话也有道理，的确不可能每件事都做到完美，不然还不得天天住公司。工作嘛，就是赚钱养家，别那么较真儿。"然而，小张和小李都不买她的账，最后搞得她里外不是人。

你可能会很好奇，这个人为什么傻乎乎地要做这种吃力不讨好的事情。但是当你知道，她小时候父母总是争吵不断，三天两头为了点小事就要闹离婚的话，大概就可以理解她为何如此执着地想要调解别人的矛盾了。

在潜意识里，她甚至分不清属于童年的父母和属于当下的同事。就好像一个人因为疏忽而忘记给心爱的玫瑰花浇水，以至于将它养死之后，执着地对着新买来的仙人掌死命浇水补偿一样，结果只能是创造新的悲剧。当她将童年对于父母关系的无能为力带到了现在，努力去帮助身边每一份岌岌可危的关系的时候，她收获的仍然是无能为力。

（ 没有界限的你和我

不论是想要调解同事的矛盾，还是想要拯救父母的夫妻关系，从本质上说都是一种没有界限感的表现。孩子因为尚未长大，没有完成与父母的分离，所以常常感到自己与父母是一体的，快乐着父母的快乐，悲伤着父母的悲伤，从而想要让父母的关系稳定，拥有一个温暖的家，这尚且可以理解。但是当我们将这种毫无界限感的关系模式带到成年人的世界中，就会产生非常多的困难。

一方面，你会感到非常无力。你的同事们意见不合，这到

底和你有什么关系？你是能改变同事的价值观？还是能让同事
按照你的方式处理问题？一个都不可能。这就好像你想干涉楼
上的男孩子找什么样的女朋友，邻居选一个什么品种的宠物猫
一样，力所不能及。

　　另一方面，你会让自己的人际关系变得非常糟糕。当你告
诉楼上只见过几次面的邻居你不喜欢他新交的女朋友的时候，
对方只会满脸疑惑地看着你，并且从今以后避免和你这个奇怪
的人共乘一部电梯。当你分不清自己与别人的人生界限，总想
帮助别人的时候，往往是对别人生活的粗暴干涉，让你自己痛
苦的同时，也会让别人感到不自在。

⟨ 别自恋了，你帮助不了所有人

　　除了界限不清之外，驱使讨好型的你无条件帮助别人的，
还有你的自恋感。你想要给楼下的孤寡老人送温暖，想要给情
绪低落的朋友提供支持，想要为工作量大的同事分担压力，想
要给流浪狗一个肉包子，如果这是你力所能及的事情，那么这
并没有什么问题。但是既然你已经在通过读书解决讨好型人格
给你造成的困扰了，我相信你已经吃到了这些行为的苦果。

想要帮助所有人，本质上是一种自恋的表现。你是一个人，有自己的需要和能力范围，即便你不眠不休，也不可能帮助所有人。但是你却认为自己是"神"，能够拯救世界，全世界的人都比你可怜，所以地狱不空你誓不成佛。你说你能不感到无力且痛苦吗？所以，当你下一次忍不住想要通过主动帮助别人而去讨好的时候，不妨和自己开个小玩笑说："度尽众生，方证菩提。地藏王菩萨努力了这么多年，还没成功，你能不能别自恋地觉得自己能做到了？"

"好人"的苦果：疲劳、疲倦、疲惫

做个"好人"可以让你得到别人的表扬，在别人的接纳中感到安全，满足你的自恋感，不断重复童年时没有界限感的关系，但是它却会让你的身体和心灵疲惫不堪。

☾ "好人"的疲劳，别人不会懂

在现实层面，做个"好人"显然是一件很劳心劳力的事情。欣瑶本来可以安安稳稳地坐在自己的位置上工作，间歇时还能玩一玩手机，轻松愉快。但是她却选择了帮大家换桶装水，这可是个体力活，任谁做完都要喘几口粗气。况且，欣瑶之所以能找准时机为他人提供帮助，很重要的原因在于她时刻留心着周围的动向，饮水机的水还剩多少？是不是有人想要喝水却没被满足？而留心这些都是需要投入精力的，身心的疲惫可想而知。

欣瑶本来可以只拿自己的快递，但是她却选择了帮同事将快递一起拿上来，到了楼下一看，一个足有 20 斤重的巨大包裹，一下子上下楼这种"有氧运动"就变成了"无氧运动"。更何况，欣瑶要留心别人是否接到了拿快递的电话，要向对方说明自己也要去拿快递的情况，万一对方客气几句就还要说服别人，告诉对方自己真的很顺路一点也不麻烦，是不是想一想都累呢？

我不是说，你必须吝惜自己的精力，不向任何人提供帮助。而是说，如果做个"好人"已经超出了你的体力与精力的承受范围，那么就是时候让自己休息一下了。适当的体力劳动可以提升一个人的睡眠质量，为什么不让那些你想帮助的人动一动，让他们也睡个好觉呢？这不也是一个"好人"该有的自我修养吗？

☾ 做个"好人",真令人疲倦

做事情的最高境界叫作"乐此不疲",而做"好人"实在是一件令人疲倦的事情。

我们前面说过,"好人"的需要其实非常简单,不过是想要别人给他一句夸奖、被贴上一个"好人"的标签,避免被孤立的处境罢了。客观地说,与你的付出相比,你想要的这些东西实在不算什么。这就好像你拿金条去换别人的苹果一样,实在是一个亏本的买卖。不过大家都是成年人,交易讲的是你情我愿,只要你愿意去换,本来也没什么问题。问题在于,很多时候你甚至无法用昂贵的代价换来自己那么一丁点儿愿望的满足。

你每天帮助这个、帮助那个,对方却不怎么感激你。一方面,人是一种需要与别人比较才能获得优越感的生物。你每天工作都能赚二百块钱,并习以为常。但是如果有一天你发现同事每天赚三百元,你就会很不平衡。当然,要是你发现同事其实每天只赚一百元,你就会为自己的工资感到异常高兴。人与人相处也是如此,如果一个人总是白吃白拿别人的东西而从不回报，唯独有一次分了一片饼干给你，你就会觉得这个人对你特别好。但是如果一个人在别人生日的时候都买了 8 英寸的蛋糕庆祝，唯独到你这里时却买了一个 6 英寸的，你就会觉得这个人待你特别坏。而一个对谁都好的"好人"显然属于后者，你虽然付出了很多，却没能让别人在对比中感受到你对他独特的心意，甚至会因为你帮别人做得更多而心生怨恨。

另一方面，当你帮助一个人的时候，你就将自己放在了一个很高的位置上，而将对方放在了一个不如你的位置上。然而，谁会甘心待在低微的位置上呢？所以，他会无意识地用"不感激"来挫败你，你不是想让我感激你吗？我偏不！你不是想被贴上一个"好人"标签吗？我偏不让你如愿。你不是希望我对你友善吗？休想！

所以，做个"好人"是不是真的太难了呢？拿着金子想换一个苹果，竟然还不能如愿。内心的疲倦可想而知。

C 沉重的偶像包袱

即便你身边的人不算胡搅蛮缠，愉快地用自己廉价的苹果换了你宝贵的珠宝，让你如愿得到了别人的赞美，被贴上了"好人"的标签，感到了大家都愿意和你在一起的接纳，然后呢？

然后，你就被"好人"的身份困住了。人性是很复杂的，有善意有恶意，有无私有自私，有爱有恨，有自卑有自恋，这才是一个自由而健康的人。如果一个人说自己只有善意、无私等光明的一面，就好像太阳升起来而不落山一样，听起来很美好，实际上谁也受不了。当你执着地做一个好人，而不允许自己坏的一面呈现的时候，你就被"物化"了。你虽然成了一个"好人"，但是也不再是一个"人"了。

你还会为了这个标签而让自己变得更"好"，生怕做出不符合自己人设的事情来。这就像一个"偶像包袱"，让你放不下也不敢放。可如果你走到哪里都要带着偶像包袱，这是多么疲惫的一件事情呀！什么时候能够让自己休息一下，将这个沉重的包袱放一放，做一个真实的人，而不是一个"好人"呢？

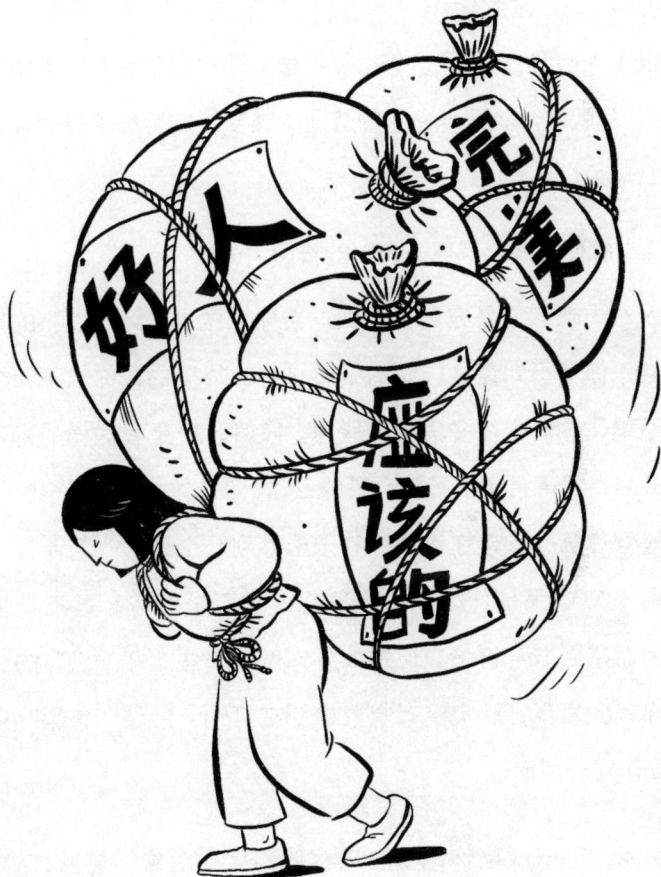

— ✳ —

分清人生课题，让自己"坏一点"

很多人问我："老师，怎么能不做一个'好'人？"答案很简单："那就做个'坏一点'的普通人喽！"这听起来是一句废话，但是实在没有比这更好的办法了。

方法 1：忍住，做个"坏一点"的普通人试试

人对于未知总是充满了恐惧，当你没做过"坏一点"的事的时候，你就不知道这样做的结果是什么样子的，你越不知道就越恐惧，并产生很多负面的联想。哎呀，要是我这样的肯定会被孤立，同事肯定很不配合我的工作，朋友肯定不喜欢我了。这就好像你第一次走在漆黑的巷子里看到一个影子一闪而过一样，你不知道那是什么，从而猜想，是不是强盗？是不是怪物？因而感到非常害怕。但是如果你能有一些"坏一点"的经验，你就会发现，现实没有想象中那么可怕，所谓"鬼影"只是远处车灯一闪而过。

所以，下一次当你想要主动帮助别人的时候，告诉自己："忍住！"然后去观察一下，当你不主动帮同事拿快递的时候，

对方是不是真的会因此不配合你的工作。当你不主动帮大家换
水的时候，是不是真的会有人说你"没眼色"，当你不主动帮助
遇到困难的朋友的时候，你们的关系是不是会就此决裂。然后
你就有了"坏一点"的经验，就会开始明白"坏一点"的生活
其实非常美好。

　　当你获得了这份经验之后，当然可以选择继续做个"好
人"，因为你此时的心情已经和之前完全不同了。现在做一个
好人，是你理性的选择、善良的体现，而之前是恐惧驱动下
迫不得已的行为，最终带给你心灵的则一个是滋养，一个是
损耗。

方法 2：分清"人生课题"

　　著名心理学家阿尔弗雷德·阿德勒（Alfred Adler）提出过
一个概念，叫作"人生课题"。每个人都有属于自己的人生课
题，如何获得爱、如何拥有朋友、如何养活自己、如何活出生
命的意义，等等。每个人都要对自己的人生课题负责，就好像
学习是孩子的人生课题，他不能将这个课题丢给自己的父母，
自己却无所谓一样。更关键的是，一个人不应该干涉别人的人
生课题，别人找什么样的伴侣度过一生，想要通过怎样的方式

养活自己，这都不是你该操心的事情。不然你就像帮助孩子学习的家长一样，不仅自己疲惫不堪，还会剥夺孩子承担责任的权利。

日常生活也是如此，同事来接水刚好没水了的确挺可怜的，但是让自己喝上水显然是他的人生课题，而不是你的。公司里搬运重物的小女孩的确很不容易，但是通过自己可以承受的方式养活自己是她的人生课题，不是你的。你的同事正在忙却不得不去拿快递，的确焦头烂额，但是将自己下单的东西取回来是他的人生课题，不是你的。当你总是要帮助别人的时候，其实是在干涉别人的人生课题。

所以，下一次当你不主动帮助别人就难受的时候，告诉自己："是时候分清人生课题了！"如果你分不清楚的话，可以试着将现在的情况描述出来，看一看问题的主语是谁。"小李没水喝了""小张在忙没空拿快递"，主语是"小李"和"小张"，而不是"我"，所以这是别人的人生课题。而"我不帮助别人就难受""我看不得别人受苦"，主语是"我"，很肯定，这是你的人生课题，想办法解决它。

通过这样的方式，你将会越来越"拎得清"，而不是做一个

"烂好人"。

方法 3：我是"好"的，不需要被证明

如果有一天你站在法庭上，法官对你说："你现在需要证明自己是一个没有犯过罪的好人，不然我就要给你判刑！"你是什么感觉呢？你一定会想，这也太没有道理了吧，你要判我有罪，当然要拿出证据来，让我证明自己无罪是什么逻辑？

然而，"好人"的逻辑就是这样不可理喻。你要不停地帮助别人，才能证明自己是一个"好人"。也就是说，如果你证明不了，就说明你是"坏"的。这和你无法自证清白就等于有罪有什么区别呢？现在你知道你将自己为难到了一种什么样的程度了吧？

你是好的，从来不是一件需要被证明的事情，转变思维方式很重要。你需要为自己建立一种"既然别人无法证明我是坏的，那么我就是好的"的思考方式。

每天抽出三分钟，站在镜子前，对自己说："我是足够好的，我是足够好的，我是足够好的。"这方法听起来简单粗暴，但是只要你坚持做就会发现，改变已经神奇地发生了。

你还可以给自己设置一个打卡任务，一天夸自己 10 次，但是不要包括给予他人帮助这个点。例如，我今天完成了一项重大的工作，我可真厉害！我今天学会了一首歌，唱得真好！我今天给自己买了一件新裙子，我可以拥有这么好的东西！我今天吃了一道意大利菜，我竟然可以给自己提供这么好的生活！你无法改变身边人的行为模式，让他们变得能够看到你的"好"，但是你可以看见自己的"好"，满足自己的需要，这才是你的人生课题。

人们常说"善良是一种智慧"，而因为内心的冲突不得不做好人，则是愚蠢而不自知。一个做不了"坏人"的"好人"不是真正的好人。真正的好人需要带点锋芒，将有分寸的善良给到对的人，才是真正的人生智慧。

学习笔记

○ 核心讨好型问题：不等别人说，主动帮助他人。

○ 主要表现形式：时刻留心身边是否有人需要帮助，不错过任何一个"讨好"的机会。

○ 这是因为——

▲ 父母的训练：小时候，做父母希望你做的事情，是你获得表扬的唯一方法。

▲ 被孤立的恐惧：害怕自己不被人喜欢，从而不得不面对被孤立的命运。

▲ 不清晰的界限感：总想要为他人的人生负责。

○ 直接后果：疲劳、疲倦、疲惫。

○ 这意味着你需要——

▲ 获得"坏一点"的经验。做个"坏一点"的普通人你仍然可以获得爱。

▲ 分清"人生课题"。克服不帮助别人就难受是你的人生课题，而解决别人生活中的困难是别人的人生课题。

▲ 不再证明"我是好的"。转变思维方式，坚信自己是好的。

第 5 章

我做的，都是别人期待的

雨佳大学毕业后，按照父母的意愿找了一份"朝九晚五"的工作，虽然收入不高，但是稳定，几乎没有压力。在家人看来，女孩子有这样一份工作是非常理想的，几年后嫁了人，还可以很好地兼顾家庭。

可是雨佳是个有自己想法的女孩子，倒不是非要追求功成名就，但是每天做着重复的工作，实在是令她心中苦闷，觉得这样生活很没意思。于是，她产生了换一份工作的念头。

经过一段时间的探索与努力，雨佳找到了一份她想要尝试的工作。但是，做这个决定对她来说并不容易，因为她知道父母与家人绝对不会同意她的这个选择。而如果他们不能对此表示赞同，雨佳则会非常忐忑不安。

为了消除这份担忧，雨佳决定和父母谈一谈这件事，如果父母能给予自己一点点肯定与支持，一切就会变得很容易。

当天晚上，雨佳给家里打了一个电话，当她还在犹豫怎么开口的时候，母亲突然说："雨佳，你知道你二姑父家的那个妹妹吧，本来工作挺安稳的，非要自己去创业，这下好了，被骗子骗了，血本无归。你说这孩子，从小就不懂事，这下怎么办！给他们家愁得呀！"

雨佳话到嘴边又咽了回去，还有什么可说的呢？父母的观点已经很清楚了，安稳是最重要的，其他都无所谓。雨佳心不在焉地和父母聊了几句家常，就挂断了电话。

放下电话后，一股莫名的委屈涌上心头，她把自己蒙在被子里，大哭了一场。然后，雨佳打开笔记本电脑，给邀请她入职的公司发了一封表示拒绝的邮件。

✦ 关键词：认可

　　"认可"是讨好者绕不开的话题。希望别人认同你的行为、希望别人喜欢你、希望别人觉得你是个好人，都是追求认可的表现。雨佳作为一个成年人，做什么样的工作不能自己决定，而是要父母"认可"。如果得不到父母的赞同，她就不得不因为难以忍受内心的忐忑不安而放弃。看起来，她是在追求父母的认可，这无可厚非，而实际上这是"病态的弱者"追求认可的方式。因为"健康的强者"追求认可，是不论你同不同意我都要干，但是我要你看到我的辉煌成果。而讨好者追求认可，是只要你不同意我就干不了，我要你为我的行为负责。

追求认可的歧途：做"该做的"而不是"想做的"

为了获得"认可"，讨好者总是在做应该做的事情，而忽略了自己想做的是什么。父母希望你找一份安稳的工作，于是你找了，毕竟满足父母的要求、获得安稳的生活是应该做的。至于想做什么样的工作，你甚至都没有考虑过。公司希望你尽职尽责，所以你每天加班到晚上十点，毕竟这是公司的期待，是一个"求上进"的年轻人应该做的。至于你对于工作的期待到底是获得成功还是取得一份能养活自己的报酬，在生活与工作间该如何权衡，你从来没有认真想过，更不要提你想要过什么样的生活了。而你为什么下意识做出了这样的选择呢？

◖ 认可是一种"背书"行为

"背书"本来是一个金融词汇，是指持票人为了将票据所有权转移给他人，而在票据后面签名的行为，而背书人也从此对这张票据承担起了类似担保的偿还责任，所以"背书"一词最终引申为了"为他人做担保"的意思。

讨好型的人需要的正是这种东西。你需要父母同意你换工作的决定，不然就忐忑不安无法真正行动。你想要和一个人建立友谊，就非要问身边人是不是也觉得这个人的确值得交往，得不到肯定的答复就惴惴不安。明明到了下班时间，你却非要和办公室的同事说一声："那我先走了啊。"不然就感觉自己不守纪律就像"早退"了一样。周末去父母家吃饭，想要喝个矿泉水，非要说一句："妈，我喝一瓶水啊。"不然就好像自己会因为不问自取而被抓到派出所一样。看起来，你需要的是他人的认可，认可你工作上的选择、认可你交友的原则、认可你下班走人的行为，甚至认可你想要喝一瓶水的合理性。然而，你真正想要的是别人为你的行为"背书"，从而不必独自承担责任。

如果你想要换一份工作，而父母说："好，你就应该这么做！"一旦事情搞砸了，你至少还可以说："你们当时不是也没看到问题吗？也不能全都怪我缺乏判断力。"这并不是说你想让父母"背锅"或者要责怪父母，而是说这至少比事情搞砸了，父母还要骂你说："我早和你说过不行了，你就是不听！"要让人好受得多。

反过来，如果父母不能给予你想要的认可，那么做他们期待的事，而不是自己想做的事，就成了一个顺理成章的选择。因为这不仅可以降低你的风险感，更能大大增加你的安全感。

☾　自己给自己的"道德绑架"

你之所以总是做别人期待的事情，而委屈了自己内心的真实想法，还有一个很重要的原因，就是"道德绑架"。而"绑架"你的不是别人，正是你自己。

有一个来访者告诉我，她每天都托着沉重的脚步走在下班的路上，甚至觉得根本没有足够的力气走回家。事情是这样的，回家的路上她总是不断地盘算着，自己一定要按时回家给丈夫和孩子准备好丰盛的晚餐，要给老家的父母打去关爱的电话，要给孩子讲自己花了很长时间准备的英文绘本，要和宠物狗玩它最喜欢的飞盘……而自己上了一天班，已经精疲力竭了，实在是越想越无力，越想越走不动。

于是我问她："如果你不给丈夫准备好晚餐，他会如何呢？"她想了想说："不会如何，丈夫很体谅我，甚至经常问我要不要定个外卖，减轻一些压力。可是我觉得做饭是一个好妻子应该做的，是让丈夫感受家庭温暖的重要方式。"然后我又问："如果你不给家里打电话，父母会如何呢？"她想了想说："也不会如何，我爸妈不是那种胡搅蛮缠的人，没有要求我必须每天打电话给他们。可是我爸妈只有我一个孩子，你说我不打电话回去他们该多孤单呀！"我忍不住又问："如果你不给孩子读英文绘本，孩子会怎样？"她想了想说："也不会怎样，其实就我这英语水平，即便准备了很长时间，恐怕也很难真的帮助孩子提高英语水平。可是别的家长都花了那么多心思教育孩子，我工作挺忙的，本来陪伴他的时间就少，如果什么都不做我会觉得更加亏欠他。"

所以，做一件又一件应该做的事情，实在不是别人逼你干的，甚至没有人因为你不做而"一哭二闹三上吊"。一个好妻子就该给丈夫做晚餐，一个好女儿就应该多陪伴父母，一个好妈妈就应该留给孩子足够的陪伴时间，这完全是你自己对自己进行了道德绑架。

被放上"神坛"的认可：他人的认可，是评判事情好坏的唯一标准

除了想要别人与你共担风险，并用一件又一件"应该做"

的事情道德绑架自己之外，讨好者还拥有一种非常顽固的信念：
"别人不认可，就说明这样做是错的，是我没有做好。"

C　得不到认可，就是我没有做好

雨佳想要换一份工作，但是父母不认可。于是她认为这样
做是错的，并选择了放弃。这样的例子在讨好者的生活中比比
皆是，你通过自己的努力通过了从业资格考试，当你将这个好
消息和父母分享的时候，他们不怎么热心地说了句"恭喜"，并
告诉你："考试并不能代表什么，工作看的是能力。"于是你鬼
使神差地报了一个更难的考试，因为你在潜意识里觉得，父母
之所以没有认可你的成绩，是因为你做得还不够好，把自己证
明得还不够充分。你坚持经济独立，生了孩子仍然返回职场，
兼顾母亲与职场女性的身份对你来说是个不小的挑战，而你每
次和丈夫抱怨，他都说："还不是你自找的，我都说了你可以
在家带娃，我来养家。真不知道你在坚持什么。"于是你陷入了
深深的自我谴责，觉得自己既不是一个好妈妈，也不是一个有
能力做出正确选择的人。因为你内心的一个部分坚信：既然我
没有得到丈夫和家庭的认可，那么我做的一切都是没有意义的，
我做出的选择都是失败的。有时这就像：你看好了一件风衣，

真的很喜欢，只是因为价格昂贵有些犹豫，所以午休的时候你拉上朋友一起去看，希望朋友的意见能坚定你将它买下来的决心。然而，朋友却说；"这风衣的款式也太普通了吧，一点都不时尚，还这么贵！"你听了朋友的话，虽然内心还是很喜欢，但是却犹豫了，"可能我真的没有眼光吧？冲昏了头脑？买下来大概真的不太明智。"于是你恋恋不舍地和朋友离开了店铺，甚至还偷偷回头看了一眼橱窗中的风衣。

◖ "好"没有唯一标准

然而，你有没有想过，所谓的"好"其实并没有唯一的标准呢？你在工作中想要获得的是快乐、成就感，而你的父母希望你在工作中获得的是保障。你们想要的东西完全不同，如何能比较好与坏呢？这就好像你去市场买菜，买了一根胡萝卜和一根白萝卜，你说是胡萝卜好还是白萝卜好呢？完全没有可比性，这不是一根发霉的胡萝卜和一根新鲜的胡萝卜谁更好的问题。

你买一件衣服追求的可能是品质感，而你的朋友买衣服追求的是时尚感，谁对谁错呢？实在无从判断。而你却因为朋友没有认可你的选择，而觉得自己追求的东西是坏的，这不是很奇怪吗？这就好像有的人在婚姻中看重物质基础，有的人在婚姻中看重陪伴与温暖，没有谁是错的，只要你知道自己要的是什么，并努力得到渴望的东西，就可以获得幸福和满足。

你当然可以认同别人的人生观、价值观，但问题是你无法认同所有人。你的父母认为从工作中获得保障是好的，你的另一半认为一个女人放弃工作回归家庭是好的，你的孩子认为有一个事业有成的榜样妈妈是好的，如果你没有办法坚定自己"好"的标准，就会在身边人五花八门的判断标准中痛苦不堪。因为你无法满足所有人对"好"的判断，无法获得所有人不同价值观下的认可。

⊂ 认可，只是因为你满足了他们

如果只是人生观、价值观不同，事情还没有那么糟糕。最可怕的是，绝大多数人之所以认可你，和他的价值观并没有什么关系，他认可你的唯一原因只是你满足了他的需要。

你听父母的话嫁给了一个忠厚老实的男人，就满足了父母对于安全感的需要，减轻了他们的焦虑感，于是他们夸你是个好孩子。然而，忠厚老实的男人就是比聪明能干的好吗？不见得。父母之所以认可你的行为，只是因为你满足了他们的需要。

你每天加班到深夜，就满足了老板对于拥有一个能干的员工为他创造利润的需要，于是他给你开一个表彰大会，将你评为劳动模范。然而，没日没夜加班是人生的意义吗？不见得。老板之所以认可你的行为，仍然是因为你满足了他的需要。

如果你的需要与别人的需要一致，倒也无可厚非。但是如果你一味地追求这种认可，而忘记了自己的判断与需要，则会陷入一种被动又可怜的境地，陷入他人用"认可"为诱饵设计的圈套。

反过来说，一个人之所以没有给你想要的认可，往往和你做得对不对、好不好没有关系，你只是没有满足他的需要而已。如果你非要得到他的认可，那就太傻了。

生死攸关的认可：没有认可，我活不下去

上面所说的道理并不难懂，但是一个讨好者懂了这些道理

就能停止自己的讨好行为，不再病态地追求他人的认可了吗？
事情并没有这么简单。

☾ 走不出的"认可循环"

人一旦开始通过做别人期待自己做的事情去讨好，就会陷
入一个可怕的恶性循环。就好像一个人因为身材而焦虑，因为
焦虑而进食，因为进食而变胖，因为变胖而更加焦虑，从而吃
下更多的东西来缓解焦虑一样。当你为了得到认可，不断地去
做应该做的事情，而不是自己想做的事情时，你首先会丧失自
己。而你在丧失了自己之后，就会很自然地感到自卑，而越自
卑就越需要认可，越需要认可就越会去做别人认可的事，从而
难以自拔。

即便你知道别人在通过认可你而满足他们自己的私欲，知
道"好"没有唯一标准，知道自己是在道德绑架自己，你仍然
没有勇气从这个这个循环中走出去，因为这真的太难了。

通过不断地活在他人的意志里，你会产生一种关于自己的
不确定感。你在专业的选择上听从了父母的话，你在买衣服的
选择上听从了朋友的建议。你过着父母价值观支配的生活，穿

着朋友审美观指导的衣服，这会让你在需要自己做选择的时候，感到非常迷茫和恐惧。"什么是我坚持的价值观？""什么是我的风格？"你不知道。这份恐惧足以轻松地将你压倒，把你赶回让别人不断为你的生活负责的模式当中去。为了消除这份不确定感，你不得不去别人那里弄清楚自己到底该怎么做，从而更加需要别人"认可"你的行为，为你的行为"背书"。

在这种恐惧、无奈、迫切与痛苦之下，讨好者甚至生出了一种声嘶力竭之感，似乎没有得到认可，自己就活不下去了。

◖ 关于"认可"的神话

另外，童年的经历也常常让你将"认可"神化。你以为"认可"是空气，没有了它就活不下去，其实"认可"只是一幅装饰画，是可有可无的存在。

这就好像有一天你走在大街上，看到一个人正把一颗鸡蛋放在高高的石阶上，而自己跪倒在鸡蛋前，异常虔诚地顶礼膜拜，你一定觉得这个人疯了，毕竟那只是一颗鸡蛋而已。

如果你走上前去，问这个人为什么要如此崇拜一颗鸡蛋，他可能会告诉你："五百年前，我的祖先差点饿死，正是在草丛里发现了一颗鸡蛋，他才活了下来，这才有了生命的延续，有了我，你说我能不将它奉为神明吗？嘘！你不要说话，我正在专心聆听鸡蛋给我的启示。"听了他的话，你稍稍能够理解他的行为一些了，但是仍不免嘀咕："人不忘本是好事，可是这个人做的会不会太过了一些。"

然而，你对于"认可"的执着，和这个"鸡蛋崇拜"的人其实并没有什么不同。小时候，你并不明白这个世界的规则，所以需要父母、老师以及权威通过认可告诉你什么是对的，通过不认可告诉你什么是错的，不然你就无法学习到重要的社会规则，并融入社会得以生存。这个时候你就好像那个没有鸡蛋就会饿死的祖先，极其需要"认可"这颗"蛋"来帮助你。而现在你长大了，已经有了自己的判断能力，但是你的部分心智仍然停留在了"远古"时期，只记得"认可"这颗"蛋"生死攸关，于是你将"认可"放到了高高的石阶上，匍匐在它的脚下，亲吻它的脚趾，甘做它的奴隶，这是不是也太过了一些呢？它只是一颗叫作"认可"的"鸡蛋"而已。

病态追求认可的结果：丧失自我，与成功绝缘

虽然你挖空心思追求着"认可"，你真的得到过这种东西吗？扪心自问你会发现，并没有。你牺牲了自己的需要，不断做着别人期待你做的事情，然而你关于"认可"的需要却从来没有真正被满足过，这是为什么呢？

☾ 既怕输，又怕赢

人生最痛苦的两件事无非是"渴望不可得"与"所得非所爱"，而讨好型的人通过不停做别人期待自己做的事，成功将以上两种情形占满了。一方面，自己想做的事情不能做，另一方面，自己不想做的事情非要做。就好像你心爱的女子近在眼前，你却不得不和父母让你娶的人过日子一样令人恼火。

更令人难受的是，这样的状态并不是别人逼你的，而完全是你自己选择的。如果别人逼你做自己不喜欢的事，你还可以反抗，但如果这是你自己强迫自己做的，你要怎么反抗自己呢？于是，一股强大的愤怒在你的胸腔里游荡，越积越多，并

且无处释放的攻击性让你痛苦不堪。

在这样的状态下，你是无法获得成功并在真正意义上得到自己与他人的认可的。因为首先，"热爱"是做成一切事情的基础，只有你爱一个人才会愿意和他解决生活中遇到的问题，从而拥有亲密深厚的关系。只有你爱做一件事才不会被挫折吓倒，从而持续尝试并取得成果。而一个讨好者做的永远是别人热爱的事情而非自己热爱的，又如何能拥有热情与坚持，并取得成就呢？

其次，人的心智处理事情的能力是有限度的。比如，你虽然可以同时听广播和做菜，但是却很难听得仔细，否则就很容易将饭烧糊。你虽然可以一边进行科学研究一边想你的同事关系难题，但这么做却很可能让你的科学报告出错。当你的心智被"讨好"的痛苦占据着，你将没有精力做好其他任何事情。

最后，你因不得不做一些事而产生的愤怒无处释放，不断压抑的攻击性变成了可怕的魔鬼。你怕这些魔鬼跑出来，所以回避掉了所有攻击性的表达。但攻击性是带动人生前进的重要动力，"成功"本来就是一件充满攻击性的事情，如果你只是压抑，就永远只能做一个"需要别人认可才能行动"的讨好者，而不是"被别人认可成就"的成功者。从而陷入既怕得不到认可又怕得到认可，既怕输又怕赢的痛苦状态里。

☾ 权力与责任是对等的

除了上面提到的几点之外，还有一个让你与"成功"绝缘，并无法获得真正意义上的认可的原因，就是"不负责任"。

你可能会说："不负责任？你说我无能也好，软弱也好，我都能接受。但是你说我不负责任，我是不同意的。我是多么负责任的一个人呀，我为父母负责任，所以做着他们期待我做的工作。我对家人负责任，所以要求自己必须每天给丈夫准备晚餐，利用一切时间陪伴孩子。你怎么能说我不负责任呢？"你的确对身边的人都很负责任，但是你对自己负责任吗？

我们前面说过，很多讨好者向别人要"认可"，是想要他人与自己共担风险的一种表现。抛开这点不谈，一会儿活在父母的意志里，过父母希望你过的人生；一会儿活在朋友的意志里，做朋友希望你做的决定，一会儿活在另一半的意志里成为他希望你成为的自己，那么你在哪里呢？这就好像一个人今天想当工程师，明天想当厨师，后天又想做艺术家一样，最终只会因为不知道自己到底想要什么而一事无成。

权力与责任是对等的，只有你对自己的存在负责，才能拥有过好自己生活的权力，才能创造属于自己的快乐与痛苦，并拥有独一无二的美妙人生。

☾ 讨好一个幻影

更重要的是，如果你真的会"讨好"一个人，本质上也是一种能力，照样可以让你功成名就。但是当你做别人期待你做的事情的时候，对方真的满意了吗？你真的讨好到对方了吗？答案仍然是没有。

雨佳想换一份工作，却因为父母说二姑父家的妹妹创业失败、不懂事而退缩了，她认为父母的意思已经很明显了，辞掉安稳的工作就是不懂事，不听父母的话就要吃亏。然而，她的父母真的这样说了吗？并没有。雨佳只是想当然地认为，父母一定不会同意自己的选择。父母亲口说"你换工作就是大逆不道"和"我就是知道父母会这样说"是完全不同的。这就好像一个人亲身经历了地震，和听网友说"据可靠消息称，明天一定会地震"是完全不同的两件事。

如果你勇敢地说出："我现在做的工作让我觉得很没有意思，我想换一份更有挑战性的工作。"你很可能会发现，父母虽然有些担心焦虑，但是大体上还是理解你的。而如果你只是不停地做你认为父母想要你做的事情，你讨好的就只是自己内心的一个"幻影"罢了，就好像"明天要地震"的流言一样，除了造成焦虑与恐惧，无法给生活带来任何帮助。

你听老板表扬了一个总是加班的同事，就认为老板在说："你也应该每天加班，不然就是工作不积极。"然而老板真的这样说了吗？他有告诉你："你必须每天加班，不然我就要扣你的工资！"他说这样的话了吗？你可能会说，他就是这个意思呀。然而，我们没有办法真的知道对方是什么意思，你的老板可能只是看到一个员工经常加班，又不想给他涨工资，所以就口头表扬一下呢？讨好内心的一个幻影，这就是为什么你做了很多，别人却毫不领情的原因。

所以，别将"应该做的事情"想得太理所当然，在没有充分沟通前，你永远不知道对方需要的是什么。

— ★ —

换个思路找认可

说了这么多，我并不是想要告诉你追求"认可"是错误的，"认可"就好像"爱""支持""安全"一样，是每个人都需要的东西，追求它无可厚非，重要的是知道如何正确地去获得它。君子爱财，取之有道，只有你满足自己的方式对，结果才会对。

方法 1：你需要的认可，可以自给自足

说到认可，我们第一个想到的就是从他人那里获得。然而从他人处获得认可，实在是一件靠不住的事情。就好像你想要别人爱你一样，即便你对其千般好万般好，对方仍可能看你不顺眼。也就是说，别人喜不喜欢你、认不认可你，这是你无力左右的事情，你无法让上了年纪的父母重新学习如何鼓励孩子，无法让身边的朋友学习沟通技巧去赞美你。那么你需要的认可从哪里来呢？答案是你自己。

依靠别人获得满足是孩子的状态，而成年人是需要学会自我满足的。就好像小时候你需要父母满足自己对于食物的渴望，而现在你能够自己养活自己一样。

那么我们要如何满足自己对于认可的需要呢？

学会自我认可，不吃"嗟来之食"

与其向别人"讨"认可，不如学会认可自己，这是我们可以控制的事情。比如，你最近在通过健康饮食减肥，如果你和妈妈说了这件事，她肯定会告诉你："减什么肥，身体健康最重要。"这会让你备受打击，甚至失去继续尝试的动力，毕竟减肥不是一件容易的事。所以，你要学会认可自己的行为，"我已经按照菜谱坚持一个星期了，真有毅力！这是我现在能够想到的实现变瘦目标的方式，我应该继续坚持一段时间试试。"每个人都需要通过认可获得动力和信心，别人给不了你的，你可以自己满足自己。

进度可视化，时刻收集有力"证据"

认可不是一句"你真棒"的心理按摩，你需要"证据"证明自己的能力。而什么是认可一个人最强有力的证据呢？很多人都说是结果！其实不是的，你得到了一个好的结果可能只是因为你幸运、因为你的起点高，有时并不能说明什么问题。而只有"过程"是你不可否认的能力，你通过自己的不懈努力，看到事情在一点一点起变化，这才是有意义的东西。

所以，为了满足自己对于认可的需要，你可以将事情的进度可视化。比如，雨佳想要换一份工作，如果她将这件事情变成一次来自父母的审判，父母认可则可行，父母不认可就不可行的话，她就在被父母的"认可"控制着，并形成一种自己很无力而父母很强大的错觉。但是如果雨佳可以在"审判"前自己先收集好"我很强大"的证据，一切就会变得不一样。

雨佳可以将换工作这件事变成一张图表，用一个长方体来表示整体进展，当她每次为这件事做出一些努力或者取得一些结果的时候，就将长方体的一部分涂上一种美丽的颜色。雨佳为了新工作考取了一个证书，于是她用红色的笔为长方体涂上一段颜色。雨佳通过自己的努力真的找到了一份工作，于是用蓝色的笔给长方体再涂上一段颜色。

这个时候，雨佳就会看到自己是多么有能力胜任这份新的工作，即便父母宣判了她的选择"不成熟、不懂事"，她也已经有了充分认可自己的"证据"，不会再被别人的想法左右了。

情绪在说话："快从树上下来，鱼不在这里！"

你一定听过缘木求鱼的故事，孟子说齐宣王心怀扩大疆土、统领四方的目标，现实中却安于享乐，就好像爬到树上去抓鱼一样。到树上去抓鱼，实在是太好笑了，真的有人会这么做吗？当然，讨好者就是这样做的。

从本质上说，你之所以这么需要认可，无非是因为当别人认可你的时候，你会感受到喜悦、满足、幸福。也就是说，你渴求的并不是一个人用他的器官"嘴"发出"你做得很好"这样的声音，你需要的是一种美好的感受。然而你是怎么做的呢？

如果你留心自己通过讨好去获得他人认可时的无力感、焦虑感、迷茫感，你就会知道问题出在哪里。因为你会发现，之前的自己一直在缘木求鱼，你想要的东西是喜悦，而你却在讨好别人的痛苦中寻找它，如何会有结果呢？

所以，去正确的地方寻找你渴望的认可吧。毛姆说："任何瞬间的心动都不容易，不要怠慢了它。"情绪是我们的朋友，如果你想要认可，仍然要去它在的地方寻找。

你需要去留心自己考试通过、找到工作、高效完成任务时的成就感、力量感、愉悦感，只需要这样做你就会发现"认可"已经发生了。你已经获得了你需要的东西，美好的感受，而不是执着地需要一个外在的人表扬你几句。

方法 2：从"我应该做"到"我想要做"

　　你之所以总是活在别人的期待里，一个很重要的原因在于，当你面对选择的时候，总是把"我应该做"作为优先级更高的选项。

　　周末你想要在家睡个懒觉，可是你应该去朋友那里帮她搬家，既然后者是应该做的，那么你就选它好了。你想做一份更有趣的工作，可是你父母希望你生活安稳，这是应该做的事情，所以你选择了后者。你下班后想要和朋友去吃个饭聊聊天，可是回家为家人做好晚饭是一个好妻子应该做的，怎么可以不去做呢？这就是你脑海中自动运行的程序，让你一次又一次做出了"对"的选择并深感痛苦。

　　所以，为了改变这个困境，是时候升级一下你的"选择程序"了。从现在开始，无论你面对什么选择，请让自己选择"想要做的"试试看。不必一上来就将"新程序"应用在人生至关重要的选择上，可以从小事做起。如果你不知道该吃想吃的红烧肉，还是该吃健康的沙拉，那么就选红烧肉好了。如果你不知道该买自己喜欢的裙子，还是老公喜欢的款式，那么就买自己喜欢的好了。如果你不知道应该和有趣的人交朋友，还是和应该交往的"有用"的人建立关系，那么就选有趣的人好了。开始的时候你可能会觉得有些困难，需要很强的意志力来适应，但随着时间推移，你会越来越容易做出"做想做的事情"的选择，因为你已经发现，做想要做的事情不是任性，也没有想象中那么危险，与之相反，你会感到越来越喜悦、越来越自由，越来越享受这种美妙的体验。

在这里，我也想将自己很喜欢的英国作家王尔德的一句话送给你，"过自己想要的生活不是自私，要求别人按自己的意愿生活才是。"做你自己吧，这样才不会让别人因为你的讨好陷入"自私"的卑劣。

学习笔记

○ 核心讨好型问题：做别人期待的，而不是自己想做的事情。

○ 主要表现形式：希望自己做的每件事都可以得到身边人的允许与认可。

○ 这是因为——

▲ 不愿意承担责任：厌恶风险，希望别人为自己的行为负责。

▲ 对自己"道德绑架"：用极高的标准要求自己的每一重身份。

▲ 未被发觉的执念："得不到认可就是我没有做好"。

○ 直接后果：丧失自我，与成功绝缘。

○ 这意味着你需要——

▲ 学会满足自己对于"认可"的需要。善于使用自我认可、进度可视化、情绪察觉等方式。

▲ 升级大脑的"选择程序"。选择想做的，而不是应该做的。

第 6 章

停不下来的微笑

所有认识雅楠的人都会说，她的性格真好，因为不管什么时候，她的脸上总是带着温暖的微笑。

雅楠曾经也对自己掌握了高超的"微笑技能"而感到满意。小的时候她不太会与别人交朋友，经常形单影只地在操场上游荡，这令她感到寂寞和孤单。于是聪明的雅楠开始留心观察，那些拥有很多朋友的同学们是如何收获友谊的。后来她发现，班里最受欢迎的女孩子的脸上有着从不落幕的笑容。于是，雅楠开始尝试对每个人微笑。

学生时代，她在走廊里努力寻找着同班同学的脸，当其他女孩迎面走来的时候，雅楠就赶紧对她们微笑。遇到认识的、不认识的老师，她也赶紧提起嘴角，再加上一句"老师好"。令雅楠惊喜的是，她在学校里的日子好过了起来，慢慢拥有了属于自己的朋友圈。

长大后，微笑变成了一种本能。雅楠会在公司里对每一个目光交汇的人微笑，认识的不认识的，熟悉的不熟悉的都是如此。回到自己住的公寓小区，雅楠也会主动对保安、清扫阿姨微笑，生怕错过了任何一个展示笑容的机会。

开始时，雅楠觉得还好，一方面，微笑是社会接纳的行为，向同事微笑代表自己有礼貌，对保安、保洁员微笑显得自己有修养。另一方面，过去的经验告诉雅楠，想要与别人建立关系，微笑是个不错的方式，亲测有效，需要坚持。

但是雅楠逐渐发现，微笑给自己带来了很多困扰。比如，自己向一个同事微笑，对方却不知道是因为没有看到还是什么原因，根本没有回应自己，这就会让雅楠觉得很不舒服。她会想：他为什么没有回应我的善意呢？是我做错了什么吗？她会对身边的人怀有敌意：这个人为什么这么讨厌，连回应别人一个微笑都不会吗？她还会陷入矛盾：下次我还要对他微笑吗？

以上种种都让雅楠感到不安、恐惧、愤怒、矛盾，她的内心长时间被痛苦占据着。一个简单的微笑，变成了内心的冲突与生活中的麻烦。这让雅楠不禁怀疑，自己的微笑错了吗？到底是哪里出了问题？

✦ 关键词：安全感

讨好的你之所以总是微笑，并不是因为你感到愉快，与之相反，恰恰是因为你觉得不安。当小时候的雅楠走在操场上，却没有一个朋友的时候，她感到的不仅是孤身一人这一事实带来的寂寞，更是因为没有人对自己友善而产生的恐惧感。在她看来，学校里的每个人都对她充满了敌意，不然他们为什么不和我交朋友呢？为了缓解这份不安全感，雅楠学会了微笑。

幸运的是，雅楠最终收获了友谊，而不幸的是，雅楠的内心从未真正感到过安全。就好像一个人快要饿死了，于是努力劳动换取食物一样，她的确获得了食物，但是只要自己停下来就会饿死的恐惧从没消失过。

不安全的世界：面对危险的世界，弱小的我只能微笑

你知道猿类也会微笑吗？生物学家发现，人类不是唯一会"微笑"的动物，当群体里地位较低的猿类受到攻击和威胁的时候，他们也会露出和人类非常相似的"微笑"表情，这是一种恐惧与求怜悯的表达，意思是："老大，我很顺从，全都听你的，你不要打我！"

而作为猿类的近亲，当你对别人微笑的时候，表达的意思其实大同小异。

◔ *我很顺从，你能不能对我友善些*

如果你留心自己的微笑就会发现，你向别人微笑并不是因为你的道德修养好，而完全是一种示好的行为。雅楠走进单位，并感到一丝压力与不安，因为同事中高手云集，有的人能力超群，有的人背景过硬，而自己呢？只是一个初出茅庐的小女孩。于是，她对看到的所有人都露出微笑，也就是对每一个人说："你看，我既无害又听话，你千万不要把我当成强大的竞争对

手，处处与我为难。只要你不为难我，我肯定听你的，什么都不和你争。"

甚至当她回到居住的小区，仍然会感到焦虑与不安，在自己不在家的时候要靠门口的保安来确保家中安全，要靠保洁阿姨保持环境的整洁。她认为这些人是"小鬼难缠"，会"见人下菜碟"，要是不向他们示好，他们就会让自己不得安生，不好好帮自己留心是不是有陌生人在自己家门口鬼鬼祟祟，不好好打扫自己家门前的卫生。于是，她对"为自己服务的人"露出了微笑，也就是对他们说："你看，虽然我是你们的雇主，但是我向你们示好，你们千万不要在背后搞小动作伤害我。只要你们不攻击我，一切都好说。"

☾ 世界很危险，我很早就知道

我不知道你有没有发现，"讨好者"多少带着些"被害妄想"的意思。身边的每个人都带着恶意、世界充斥着危险，这个底层认知非常关键，它是你每一次"微笑"的原动力。

这个认知是从哪里来的呢？我们一般认为，安全感建立的关键期在童年。当一个孩子离开母亲探索世界的时候，正是他建立安全感的机会。主要抚养者能不能鼓励孩子探索外界，孩子在探索外界遇到困难的时候主要抚养者如何处理，孩子探索世界累了的时候主要抚养者是否还在，这些都非常关键。

你可以想象一下，如果一个母亲限制孩子探索世界，孩子想要摸一下鼻涕虫，她说："不行，有病毒。"孩子想要和小伙伴一起玩，她说："不行，那个孩子的父亲是酒鬼，我们要避而远之。"孩子自然会认为世界很危险。与之类似，如果孩子在探索世界的时候遇到困难，比如，因为去野地里玩而感染了细菌，与朋友的关系出了问题，母亲却说："早告诉你不要去那里玩，会生病！""早告诉你不要与他交往，他会伤害你！"孩子就会认同父母关于"世界很危险"的观念。同样，如果当一个孩子探索世界累了，回过头来发现妈妈不见了，他也会认为"世界很坏"，自己和世界打交道以至于让妈妈消失了，难道坏的是妈妈吗？不可能，只能是危险的世界！从而产生强烈的不安全感。这份不安，如果不加处理，将会伴随你的一生。

为了消除这份不安，你对每个人微笑，希望获得一种非常卑微的安全感。然而，这真能解决问题吗？你通过微笑与讨好，将自己放在了一个弱者的位置上，而一个弱者怎么能体会到周围世界的稳定，感到强大带来的安全呢？你传达的信息是："我很好欺负。"别人自然会合你心意地"欺负"你，这又会加强你"别人很坏很强大"的信念。

☾ 我只是拥有一种令人愉悦的好性格而已

然而，你很难自己发现这一点，很难将人生的痛苦与"停不下来的微笑"联系起来。因为"微笑"是被社会允许或者说倡导的一种行为。

我们希望去超市买菜时看到的是营业员的微笑，而不是一幅爱买不买的臭样子。希望向别人请教一件事情怎么做的时候，受到对方面带微笑的指导，而不是盛气凌人的眼神。希望回到家里看到的是家人愉悦地嘴角上扬，而不是唉声叹气的样子。这就给了你将微笑"合理化"的一个机会，虽然微笑带着弱者的恐惧、示好的屈辱，但是你告诉自己，"微笑"是对的，"微笑"是好的，有修养的人懂得微笑，每个人都喜欢面带微笑的人，我只是拥有一种令人愉悦的好性格而已。

然而，你错了。微笑可以是一种态度，但它不该是一种性格。作为一个服务人员，你可以将微笑作为你的职业素养；作为一个母亲，你可以将微笑变成一种爱的表达；甚至作为一个社会人，你可以将微笑作为一种社交手段。但是你不该将微笑变成你的性格，一个人是有喜怒哀乐的，如果你就是微笑、微笑就是你，那么你就不再是一个完整的人了。也就是说，如果你可以主动选择微笑，那么微笑就是你的技能，的确是你的好修养的表现，但是如果你只能被动地微笑，不讨好你就会失去安全感，那么你就成了微笑的奴隶，只能被奴役并深感痛苦。

最卑微的安全感：我是无害的，你别攻击我

在"外界很危险而我很弱小"的潜意识信念之下，讨好者的"攻击性"表达一定是严重受阻的。这就好像一个手无寸铁的人在森林里遇到了一只黑熊，在这份力量的悬殊之下，没有人会去向黑熊表达自己的攻击性，并自取灭亡。然而经典的精神分析认为，攻击性与力比多（性欲）是人与生俱来的本能，如果得不到满足，没有一个投注的对象，人就会出现心理问题。例如，很多抑郁症就是因为一个人攻击性表达不畅，不得不向内攻击自己造成的，而自杀就是自我攻击的极端形式。讨好者

虽然不至于走到这个地步，但是也会因此产生诸多的心理问题。

你是老大，我不敢攻击你

一个讨好者是不敢攻击任何人的。不要说直接与别人发生争执，公开反对他人的观点，即便只是锋芒毕露地展示自己，让对方感到你是一个有竞争性的对手，或者让他人看到你的优越性，都会让你感到很不安全。

一方面，你会担心对方的报复。如果没有用微笑告诉同事你很无害，你就会想："对方会不会感到压力与攻击，并在工作上为难我呢？"如果没有用微笑告诉商场里的收银员，"我姿态很低，我不敢攻击你"，对方会不会觉得你的高姿态攻击了她，并因此生气而不给你好脸色呢？

另一方面，你害怕他人的嫉妒。如果你真的通过竞争来表达你的攻击，并获得了很好的结果，比如，更高的职位、更多的收入，同事们会不会因此而嫉妒你，并产生很多可怕的想法呢？

种种的联想令你深感不安，于是为了不面对他人的刁难、不看他人的脸色、不遭受他人的嫉妒，你用微笑告诉全世界：

"你是老大，我不敢攻击你。"

C 被夸大的"攻击力"

当你这样做的时候，你会进一步夸大"攻击性"的杀伤力。

被压抑的需要不会消失，只会愈演愈烈。一个人骂了你一句，你很生气，想要骂回去。这时"别人很强大，我很弱小"的底层信念就出现了，它说："不要这样做，你骂回去他会杀了你的，快点用微笑去讨好。"一个人端着一副臭脸和你讲话，你很不满，想要扭头就走，"别人很强大，我很弱小"的底层信念又出现了，它说："不要这样做，他会生气并报复你的，你可受不了，快用微笑去讨好。"于是，一次又一次，你将自己的攻击性压抑下来，可这些攻击性没有消失，而是在你的内心越积越多，甚至到了快要控制不住的地步。

本来和别人争执几句、表达一下不满都是非常小的事，但是因为压抑，现在你内心的攻击性已经像一颗原子弹一样威力巨大了。这就好像食欲本身是很正常的东西，饿了吃点东西就缓解了，但是如果你长期节食，食欲无法满足的话，你就会产生暴饮暴食的念头。你通过自己去认识世界，既然我内心的攻击性如此可怕，那么别人的攻击性一定也是如此。于是你感到外界更加可怕，并进一步压抑了自己的攻击性。

然后，抑郁、焦虑、情绪低落、头痛、失眠等问题出现了，这是你攻击不了别人而不得不攻击自己时，身体发出的声嘶力竭的呼喊。

◖ 你的攻击毁灭不了世界

为了免受自我攻击之苦，除了表达攻击性之外实在是没有其他更好的办法。

一方面，你需要掌握"骂回去"的技能。虽然别人打你一拳你也打他一下是社会秩序不允许的，但是别人骂你一句你骂回去还是可以的。这就需要你充分地意识到自己的攻击性和别人的攻击性都没有你想得那么可怕。

一个人因为与别人发生口角，于是被另一个人杀了的事件，是要上新闻头条的，生活中少之又少。你和别人大声说几句话，一个正常人是不会因此记恨你一辈子，天天惦记着报复你的。你攻击别人一下，世界也不会毁灭，顶多是两个人难受几天。几天之后，亲密的人再次回归亲密，如果有人真的因此和你绝交了也不用太遗憾，这样的关系早晚要破碎，本就不值得你珍惜。要知道，表达愤怒与不满也是一种交流的手段，当你能"骂回去"的时候，其实可以让对方更懂你。

另一方面，"攻击性"的表达不只"骂回去"一种，我们可以通过在规则中竞争来升华我们的攻击性。取得成就、获得认可，都是攻击性表达的渠道。就好像一位母亲因为失去了孩子而痛心不已，不是非要每天泪流满面才能排解，也可以通过创作一首关于孩子的歌来升华和表达悲伤一样。

当然，我知道，讨好的你可能连这样的升华也不允许自己表达，只要有竞争就会有伤害。如果我赢了，对方就会受伤，对方受伤就会报复我、嫉妒我、不爱我。而如果我输了，我就会自我攻击，觉得自己什么都不行，深感挫败。所以我拒绝这样的表达。

其实你可以换个思路去看竞争，不要将它看作一个你死我活的战场，你之所以这么想可能正是因为你积压已久的攻击性在作怪。与之相反，你可以将竞争看成一个自我超越的过程，一个成为更好的自己的过程，如果你在这个过程中成就了更好的自己，那真的很好；如果没有，原本的自我也非常好。这样，你就可以不再被内心想要攻击的魔鬼控制，不带负担地为你的攻击性找到一个被社会允许的、能够让自己不断成长的美好出口了。

"微笑"的苦果：追求安全，却活在无尽的焦虑里

如果说付出努力却得不到回报是最令人深感挫败的事情，讨好者可谓是最熟悉这种痛苦的人了。你不断地用微笑去讨好别人，无非是想要获得一点点的安全感，可是你获得了吗？并没有，不仅没有获得，你还在变得越来越没有安全感。

C 法律不维护"微笑公平"

当你对别人微笑的时候，所求的东西其实并不多，不过是希望对方也能回应你一个微笑而已。换句话说，你希望通过微笑告诉别人："我很顺从，不要攻击我。"并期待对方也能通过微笑告诉你："我也很顺从，我们谁都别欺负谁好了。"这会让你感到非常舒适且安全。实在不行，如果对方能够通过微笑告

诉你："你的示弱，我看到了，既然你这么听话，我就不难为你了。"这也是好的。

但是如果对方没有回报给你微笑和善意呢？如果对方看到你的微笑之后心想："我正在找一个软弱的可怜虫任我欺负，她竟然告诉我她就是，真是得来全不费工夫。"这要怎么办呢？更何况，当你给予每个人微笑，不加筛选地对每个人都表达善意的时候，发生这类事件的概率就是非常大的。

你能去法院告他在你给他一个微笑之后他没有回应你微笑吗？没人受理这种案件，你只能自认倒霉，没有人为你的不安全感而伸张正义，而这又会加深你的不安全感。

C "弱者"的世界里，从没有安全可言

况且，你做什么就会成为什么。你种水果并运到市场售卖，你就会成为果农；你每天烤面包送给穷人，你就会成为慈善家；而你对每个人微笑示好，你就会成为"弱者"。没有人逼迫你这样做，是你自己将自己放在这个位置上的。

　　然而，"弱者"怎么可能具有安全感呢？这个道理太简单了，面对危险的时候，一个人手中如果拿着枪，那他就是一个强者，他是有安全感的。而如果一个人手无寸铁，只能苦苦哀求对方不要伤害自己，那么他永远都是不安的，因为他的命运掌握在别人手中。讨好者也是如此，**如果自己是否能够感到安全，完全要看别人的心情好不好，是否能给你一点善意，那么安全感这种东西就永远不可能拥有。**

　　更何况，如果你不停地通过微笑巩固自己"弱者"的身份，你就很难掌握"强者"的手段。比如，雅楠通过微笑在单位里过着与世无争的生活，不与别人竞争、不惹别人嫉妒，但她同时也失去了让自己变成一个有能力的人的机会，失去了让自己成为不用讨好也能立足的"强者"的机会，**最终她只会发现，微笑营造的虚假的"安全感"禁不住一点点考验，作为一个"弱者"她永远任人宰割。**

◖ 藏在"趋同"背后，不会让你更安心

　　在这份越来越强烈的不安全感之下，你会本能地去想一些方法自救。然而这就像是一个溺水的人在不停扑腾，一个深陷

泥潭的人在强烈挣扎一样，这样做只会让自己越陷越深。

一般来说，在"讨好"也不能获得安全感之后，你会投入另一项获得安全感的活动之中，就是"与他人保持一致"。

如果你能和别人拥有情感、思想、行为上的一致，那么你就不再是一个孤单而弱小的个体，而变成了一个强大的整体的一部分，这会让你感到强大与安全。

于是你努力拥有着被划定为"善"的行为方式：宽容大度、乐于助人、拥有远大理想。你做着和别人一样的工作，朝九晚五。你和身边人有着差不多的休闲娱乐方式，看电影、购物、美食打卡。然后呢？然后你有了一种虚幻的"安全感"，而实际上你只是让自己变成了一个可有可无的人而已。每个人都是乐观向上的，多你一个的意义何在呢？一份每个人都可以胜任的工作，为什么非要你来做不可呢？每个人都在谈论的美食、电影，你真的发自内心感兴趣吗？大家都去电影院看过了，你的话题能比电影还吸引人吗？

然后，你悲哀地发现，在追求安全的时候，你将自己变成了大海里的一滴水、沙漠里的一颗沙。对生活来说，你倡导着乏味，对安全来说，你制造着更大的不安全。

◖ "安全感"里没有安全

然而，想要走出从"不安全"到"更加不安全"的恶行循环，远没有你想的那么容易。因为"熟悉"是安全感的代名词。

对每个人微笑示好的行为，认为"微笑"能为自己带来安全的信念，将自己放在一个弱者的位置上的习惯，这些对你来说都是"熟悉的"，而熟悉的就是安全的，安全的就是好的。你本身已经很没有安全感了，哪会松开这脆弱但可以救命的稻草呢？

这也是很多人在生活里遇到了问题却走不出来的原因。你旧有的行为模式造成了现在的问题，可是你愿意改变吗？不愿意，因为虽然用微笑去讨好是痛苦的，但是你已经很熟悉这种痛苦了，可以驾轻就熟地处理它了。改变看起来很美好，可是谁知道呢？讨好的日子过了几十年了，你突然让我不对别人微笑了、不讨好了，我这手都不知道往哪里放了。就好像你苦哈哈地每天摆摊卖煎饼过了半辈子，是挺不容易的。但是突然让你去当上市公司总裁，你会去吗？谁愿意去谁去，反正我不去，就是这个道理。

但是你要知道，不断地重复你熟悉的、感到安全的旧有行为模式，只会让你的痛苦越来越深。如果你真想走出来，除了克服人性中追求熟悉感的天性之外，别无他法，而这样做的勇气，只有你能够带给你自己。

— ✳ —

向内发现你的安全感

如果你希望别人给你安全感，那么你注定会感到不安全。如果你需要别人保障你的衣食住行并感到安全，你就会担心如果他不再爱我了，他不养我了要怎么办呢？如果你需要别人时刻向你表达善意才能感到安全，你就会担心如果对方态度恶劣、充满攻击性我要怎么办？别人爱不爱你、别人经常微笑还是喜欢骂人，都不是你能控制的事情，如果你依赖这些，只会让你感到失控与恐惧。

所以，安全感需要自己给自己。就好像一个女人当然可以依靠她的丈夫，但是如果她自己也能养活自己，则会感到更加安稳。一个人当然可以向别人表达善意，并期待别人回报以善意，但是如果对方就是充满恶意，你也能凶狠地吓唬他一下让他"滚"，你则会感到更加有力量。

接下来，我将为你介绍几个向内发现安全感的方法，让你开始为自己的力量而深感安全。

方法 1：挖掘"勇猛"的能量，让勇敢成为你的一部分

在你改变用微笑去讨好的行为模式的初期，你可能需要一些来自他人的帮助。就好像小孩子开始学骑自行车，需要有一个人帮着扶着车一样。那么谁可以帮助你呢？

首先，找到一个舒服的姿势，做几轮深呼吸，吸气、呼气、吸气、呼气，你只是去观察你的呼吸，不要刻意地改变或者控制它。当你感到自己的内心开始变得安定和清明的时候，你可以对自己说："我想要与勇猛的能量建立连接，我想与勇猛的能量建立连接，我想要与勇猛的能量建立连接。"

然后，在这种专注而放松的状态下，问一问自己：在我的内心深处，谁是"勇猛"的呢？可以是一个你认识的人，一个朋友、一位老师，也可以是一个历史人物、公众人物、电影中的人物，甚至它不需要是一个人，可以是一座火山、一块大石头。

当你选好了对你来说非常勇猛的这个存在之后，去找到一个身体的动作，将这个人物或者存在表现出来，比如，高傲地

双手叉腰、挺胸抬头，再比如，像李小龙一样双手握拳、身体前倾，做出这个动作，并且感受到你也是你自己，在做出这个动作的时候你可以说出自己的名字，比如说："我是我自己，我是雅楠！"直到你感觉到这个身体的动作能够成为你对于勇猛的表达。

只要你每天坚持这样做，你就会发现在这些勇猛的老师的帮助下，你逐渐找到了属于自己的勇猛的力量。

千万不要只是看一看，犹豫这个方法能好用吗？然后又走回熟悉的旧模式里面去了。以至于明白了很多道理、知道了很多方法，现实却没有任何改变。我想告诉你的是，只要你去做，就会发现这个方法有多好。

方法 2：学会对自己说："我受得了！"

你可能没有发现，在面对"危险"世界时，你其实一直在对自己说一句话："我可受不了！"

如果同事因为我崭露锋芒嫉妒我，在背后使坏，比如，向上级打我的小报告、不配合我的工作，那我可受不了。如果父母因为我的一句话生气了，好几天不给我打电话，我可受不了。要是朋友对我不满，和我说几句重话，我可受不了。于是你选择了保持微笑，持续讨好。

然而，你真的受不了吗？同事打你的小报告又能怎么样呢？只要你有能力，在哪里都能立足。同事不配合你的工作能怎么样呢？大不了自己干行不行。父母好几天不给你打电话能怎么样呢？反正每次打电话他们也是不停唠叨，落得耳根清净几天不好吗？朋友对你说几句重话能怎么样呢？一个人对你说"你怎么这样对我"，世界就毁灭了吗？地球不会毁灭，你也不会少一块肉。所以事实是，你不是受不了，你完全可以受得了。

那么当你下一次又想要露出微笑，告诉身边人"我很无害，你不要伤害我"的时候，对自己说："我受得了！我受得了！我受得了！"然后你就会发现，一股力量感开始笼罩着你。当然，你也可以一边说，一边想着你"勇猛"的老师和代表，做出那个强有力的身体动作，帮助想要退缩的自己。

方法 3：搭建资源库，为心灵建立安全的港湾

当你逐渐学习从自己身上获得安全感的同时，肯定会遇到一些挑战。比如，遇到一个总是批评人的领导，有一个说话很不委婉的舍友，这都会让你感到不安，并且非常想要通过熟悉

的讨好模式让他们对你友善一些。

但是现在你已经知道，退回"微笑"模式并不能给你带来安全感，可是你就是会感到很慌乱、很不知所措，很害怕与这些人打交道。如何才能稳住自己的情绪，坚决地去做对的事情，而不是屈服于不安全感而再次回到不理智的行为中去呢？答案是为自己建立一个安全的港湾。

每个人都会努力为自己找一个住所，不论是租房子还是买房子，我们都希望在夜幕降临的时候能有一个安全的地方供疲惫的自己休息。我们还会努力为自己找一个爱人，可以在生病的时候照顾我们，在晚归的时候为我们点一盏灯，让我们紧绷的精神得以放松。那么为什么我们不能为自己的不安全感建立一个温暖的港湾呢？

找到一个舒服的姿势，体会双脚踩在大地上的感觉，让自己回归自己的身体、呼吸，去听一听周围有什么样的声音，去看一看眼前是什么样的画面，去感受一下空气的温度是怎样的，当你感到一种安定与平和的时候，去想一下在你过去的岁月里，哪一个回忆最让你感到安全。

比如，夏天的傍晚躺在摇椅上听外婆讲过去的故事。比如，某一次你躺在草地上被绿色包裹的体验。再比如，你成功拿到了大学录取通知书，内心愉悦而充满期待。不论是怎样的回忆，都让自己全然地去感受它。感受那个回忆里都有什么人、什么东西，你听到了什么样的声音，有谁对你说了哪些话？

当你全然地体验着这个回忆的时候，你可以想象自己将这个回忆变成了一个你很喜欢的小物件，一块糖果，一枚钻戒，一个草莓，然后将这个物件这个回忆放到你的口袋里，让它一直陪伴着你。

当你在给予自己安全感的路上遇到一些困难的时候，你可以停下来，闭上眼睛，想象着自己伸出手，去摸一摸口袋里这个美好的小东西，去感受一下这份美好的回忆，回到你为自己的不安全感准备的港湾之中。然后，你就可以继续勇敢地走在改变的路上了。

学习笔记

○ 核心讨好型问题：停不下来的微笑。

○ 主要表现形式：通过微笑讨好，期望别人给予善意的回应，以获得安全感。

○ 这是因为——

▲ "外界很强大，而我很弱小"的潜意识信念；

▲ 攻击性表达不畅，夸大了攻击行为的威力；

▲ 将"微笑"合理化为了修养，对问题视而不见。

○ 直接后果：追求安全，却活在无尽的焦虑里。

○ 这意味着你需要——

▲ 学会给予自己安全感，而不是依靠别人的善意。让勇猛的老师来帮助你。

▲ 学会对自己说："我受得了。"

▲ 通过美好的回忆，为自己建立一个温暖的港湾，随时与安全感连接。

第 7 章

没人见过我发脾气的样子

婉莹是一个非常温柔的女孩子，不论何时何地说起话来都让人如沐春风。身边人会说，自己从未见过婉莹发脾气的样子，甚至无法想象这个画面。

婉莹自己也几乎体验不到"愤怒"的感受，当别人问起她的性格为何如此之好的时候，她常常说："我就是不会生气呀。"

但是婉莹有一个一直困扰她自己的问题，就是她会经常感到心中的惴惴不安和强烈的头痛。她看了很多医生，都没有检查出什么实质性的问题，西药也吃了中药也喝了，却一直没有效果。后来她接触了心理学，开始怀疑自己心悸和头痛的问题会不会是一种身心疾病，是心理和情绪导致的，于是她带着"死马当活马医"的态度，走进了心理咨询室。

开始的时候，心理咨询师告诉她："愤怒"是每个人都有的情绪，她却不以为然，心想："我就没有愤怒的感觉。"甚至怀疑这个心理咨询师是不是水平不行。

可是随着不断地探索，婉莹有些不安地发现，愤怒的感觉，自己的的确确是有的，不仅有，而且还非常强烈。

　　比如，每次联系父母，父母都会埋怨她很少给家里打电话。他们会说："前几天你二姨过生日你不知道吗？也不知道打个电话祝福一下。"之前婉莹对此虽然会感到不舒服，却会告诉自己，无论是懂事的孩子还是懂得人情世故的成年人，都是应该在亲人生日的时候送去祝福的，父母说的话也有道理，并用理智将自己的感觉完全压抑了下去。可是现在，婉莹发现，当父母这样说的时候，自己心里有个一闪而过的埋怨："小的时候我去二姨家，她连给我做一顿午饭都不愿意，每天就是自己出去打麻将。我凭什么要问候她！"甚至："我每天的生活这么忙碌，哪里能记得那么多人的生日，你们如果觉得这件事情很重要，就提前提醒一下我嘛，为什么非要等事情都过去了，无法弥补了，又来责怪我！"虽然婉莹不愿意承认，但是她知道这种感觉就是愤怒。

　　承认这一点让婉莹有一些恐惧，也有一些内疚。一方面，她发现自己的愤怒是这么强烈，甚至有一些失控的感觉，这令她害怕。另一方面，她谴责自己怎么能"忤逆"父母，这会不会太不孝顺了？这些感受令她很不舒服，甚至想要再次缩回到没有愤怒的状态里。

　　然而，正当她为这些新的体验和变化而焦虑不安的时候，婉莹突然发现，在自己能够体会愤怒，并试着和咨询师探讨这种感觉的时候，她心悸的问题竟然已经很久没有出现了，而头痛发作的频率和强度也都大大减少和减弱了。

✦ 关键词：情绪压抑

　　婉莹体会不到愤怒的感觉，并不是她真的没有愤怒，而是因为她压抑了自己的情绪。她觉得愤怒的感觉很可怕，一表达就会伤害别人，甚至觉得一个孝顺的乖乖女不该生父母的气。她用这样的方式控制着内心可怕的野兽，保持着"好脾气"的形象，以为这样生活就会风平浪静。却没有发现，她的身体在情绪的高压下，已经不堪重负，正用病痛向她倾诉着痛苦。

我的情绪是头猛兽：无法面对的混沌感

"愤怒"是讨好者非常不愿意面对的一种情绪，甚至很多人都会像婉莹一样直接否认自己拥有愤怒的情感体验。这是为什么呢？

C　需要被束缚的野性

我们之前说过，攻击性（愤怒）和力比多（性欲）是每个人的核心驱动力，所谓核心驱动力，就是一种动物性的本能。而我们作为"文明人"，当然不好由着它们乱来。

以攻击性为例，当我们是原始人的时候，别人抢了你的果子，你很愤怒，可以将他打一顿。而作为一个"文明人"你不能这么做，他抢了你的果子，你要是把他打一顿，你就很可能会因此被警察带走。不加控制的愤怒很可能会给你自己的生活带来不可估量的损失。一个原始人会在愤怒之下摔死自己的孩子，让自己后悔不已。作为一个生活在信息时代的现代人，如果你一气之下摔了自己的手机，损失也可能是很严重的。所以，控制愤怒是"文明人"非常普遍的行为准则。

而对于讨好者来说，这种控制会更加严重。因为不要说将别人暴打一顿，就算别人抢了你的果子，你骂他一句混蛋，也会让你因为感觉自己伤害了别人而内疚。即便你只是在脑海里埋怨了一下别人，你也会谴责自己道德水平不高，说话过于粗鲁，害怕自己的行为不被允许。你生怕自己不受控制的野性会跑出来，伤害别人、毁灭世界、毁掉自己的生活。

☾ 从未被接纳过的情绪

然而，"愤怒"真的有这么可怕吗？难道只要你一生气，就会产生令自己难以承受的后果吗？显然不是的。你之所以如此地害怕自己的情绪，一个很重要的原因在于，从小到大都没有一个人真正接纳过你的情绪。

你肯定有过这样的体验，有时你突然感到一些情绪与不舒服，如果你能够很快将它识别出来，告诉自己："我现在的感觉是不舍，一定是因为我要和最好的朋友分别了。""我现在的感觉是委屈，因为我对她这么好，她却和别人说我的坏话。"那么这种情绪就不会困扰你太久，你也不会害怕这种情绪。因为你知道每个人面对分离的时候都会难过，每个人被朋友背叛的时候都会伤心。

但是如果你不能将这种情绪识别出来，不知道自己到底是怎么了，不知道自己到底在为什么事情感到不舒服，你就会非常困扰、寝食难安，甚至对于这种未知的情绪感到恐惧。

也就是说，如果在你成长的过程中，曾经有一个人能够看到你的愤怒、接纳你的情绪，告诉你愤怒很正常，帮你化解这种情绪上的未知感的话，你就不会觉得自己的愤怒像一头野兽一样可怕，你要把它牢牢地拴起来。

然而，你从未获得过这些。小时候，你可能愤怒于亲爱的妈妈要把你单独一个人留在家里出去工作，愤怒于小伙伴抢了你的玩具，你感到内心焦灼，不知道怎么办好。你多么需要一个大人告诉你："宝贝儿，你现在的这种感觉是愤怒，这很正常，每个人都会体验到愤怒。"这样你就可以不那么恐惧于这份混沌的感觉了。但是事实上没有人能够满足你的这份需要，妈妈告诉你的是："我要上班呀，你怎么这么不懂事。""和小朋友好好玩，要懂得谦让。"这让混沌的愤怒在你的内心一直激荡了20年、30年，甚至更久。你从来没真正搞明白这种感受是什么，更没有真正地接纳过这份情绪，于是它成了你永远无法意识化、永远未知的可怕领域，像一头尚未被驯服的猛兽，随时准备祸害人间。

☾ 抱持你的情绪，早已不再是妈妈的责任

你可能会抱怨，为什么我的父母这么不会爱孩子呢？你可能会遗憾，自己早就过了被接纳情绪的关键时期。但是你最应该问的是：现在该怎么办呢？毕竟你没有办法回到过去给你的父母做一次育儿培训，更没法让你头发花白的父母学习如何接纳。

小时候，接纳你的情绪、看到你的愤怒、告诉你这种感受很正常，这些是你妈妈的责任。当时她做得的确不够好，但是为了摆脱讨好型人格的困扰，"审判"不能解决任何问题。即便你将"罪魁祸首"绳之以法，对于你的现实也不会有任何帮助。你需要意识到，作为一个成年人，看到自己的愤怒并接纳它已经是你自己的责任了。

所以，下一次，当你感受到一些莫名的情绪，耐心地问一问自己："这是愤怒吗？"而不是一下子否定它，认为愤怒这种东西自己并不拥有。当你通过观察识别出愤怒的情绪时，温柔

地告诉自己："这种感觉叫作愤怒，一个人遭受了不公平的对待、受到了伤害都会感到愤怒。体验到它很正常，就好像体验到快乐、悲伤、嫉妒一样正常。"

然后，你就会发现那头野兽变成了被驯服的毛茸茸的小白兔，因为你用爱与接纳让情绪知道了它是谁，接纳了它的本来面目。

我的愤怒足以毁掉世界：被高估的情绪杀伤力

愤怒可能会带来可怕的后果，我们害怕自己无法承受，于是对于愤怒避而远之，还没看清到底是不是它，便扭头就走，生怕和它扯上一点关系。而我们越是不去触碰它，它对于我们就越是未知，而越是未知就显得越可怕，从而陷入恶性循环之中。

◖ 哪里有压迫，哪里就有反抗

愤怒的确会令人失去理智，并带来严重的后果，但是与我们压抑愤怒带来的痛苦相比，前者实在不算什么。

一个人亏待了你，你感觉很愤怒，怎么办呢？你相信如果让这种愤怒表达一定会伤害到对方，破坏你们的关系，让你的利益受到损害，于是你死死地将愤怒压抑在心里。压抑有多强烈，反抗就有多强烈。你压抑了在现实里骂人的小小冲动，它就会在你心里演变成将对方杀死的想象。然而，你能允许自己这样想象吗？管他是现实还是想象，骂人都不行，杀人就更不行了。于是你将想象中的愤怒表达也压抑住了。

再一次，你越压抑，反抗的力量就越大，然后你将自己抛进了矛盾的痛苦里。压抑愤怒，愤怒却愈发强大，根本压抑不住，你痛苦。可是不压抑，你又会愧疚、害怕，还是痛苦。左也是痛苦，右也是痛苦，压抑也不是，释放也不是。接下来，你会愈发感到愤怒这个东西的可怕之处，因为你拿它实在没有办法。既然它如此轻松地毁掉了你的幸福，它的破坏力一定是惊人的。

☾ 挑唆你的"信念"

然而，事实真的如此吗？如果你能跳出愤怒的情绪，换个角度看问题，一切都将变得不一样。

当你不能接纳自己的情绪的时候，你会觉得情绪来得莫名其妙，极不可控。但是如果你能发现，挑唆着你产生情绪的不过是头脑里的一个信念罢了时，你就看穿了情绪，发现它不过是一只纸老虎而已。

比如，朋友对你说："做事情要懂得顾全大局，你看你总是纠结在细枝末节上，能有什么发展和进步呀？"你觉得有些生气，为什么生气呢？很简单，因为你有一个信念："别人告诉我事情应该怎么做，就是在贬低我！"可是这个信念是真的吗？当然不是，很多人拥有的信念是："别人告诉我事情应该怎么做，是在帮助我。"因此在同样的情境下他们就不会产生愤怒的感觉。

再比如，当愤怒袭来的时候，你之所以感到恐惧，是因为你有一个信念："表达愤怒会产生难以估量的后果。"但是这个信念是真的吗？显然不是，很多人都能正常表达愤怒，没有什么冲突。

所以，你以为非常可怕的情绪，不过是受了信念的"挑唆"罢了，而所谓信念不过是你头脑里的一个想法而已。你可以认为练字很有趣，也可以认为练字很枯燥。可以认为别人夸你的裙子好看是真心赞美，也可以认为他们是在阿谀奉承，甚至还可以觉得他们在挖苦讽刺。你可以认为表达愤怒很可怕，也可以认为表达愤怒很健康。感受是你无法控制的东西，但是你却可以改变自己的信念。

☾ 重构"信念循环"

虽然信念只是一个想法而已，但是想要改变它也并非易事。即便你觉得愤怒很可怕，却也可以觉得愤怒没什么，这只是一念之间的事。但如果每一次你表达愤怒都被别人怼回来，或者你坚定地认为愤怒很可怕并因此采取回避行为，那么你就会坚定地认为"表达愤怒很可怕"，不论别人怎么告诉你"愤怒很正常"，你仍然感到害怕。

这就好像一个怕狗的小孩，如果他每次遇见狗，狗都会咬他一口，或者他怀揣着"狗很可怕"的信念，从此再也不与狗接触，他就会永远怕狗。即便大人们不断地告诉他："狗狗很温顺，你看有那么多人养狗，是不是？"但这也丝毫不能缓解他的恐惧。唯一的办法是让他与一只真正温顺的狗狗不断接触，让狗狗用舌头温柔地舔他的手，让他知道狗狗虽然有尖利的牙齿，但是并不是用来咬人的。

改变信念需要的就是这个过程，经验决定信念，信念决定情绪，情绪决定行为，而行为又会强化经验。如果你不去建立新的经验，你就会永远陷在"愤怒很可怕"的信念里，每一次想要表达愤怒都觉得很可怕，并产生压抑愤怒的行为与痛苦，再次加深愤怒很可怕的经验。

所以，请找一个"安全的人"尝试表达自己的愤怒，一个可以包容你、接纳你的人，让你知道即使你表达了愤怒，对方仍然爱你，你也没有伤害到他。如果你身边实在没有这样的人，你也可以像婉莹一样，找一个心理咨询师支持你，让你在安全的关系中表达愤怒，获得新的经验，建立新的信念，产生新的感受，改变讨好的行为模式。

不发脾气 = 有修养？到底是谁在道德绑架你

你之所以从不发脾气，除了将愤怒"妖魔化"后产生的恐惧感外，还有一个很重要的原因，就是你觉得有修养的人不该发脾气。

☾ 如果"好女孩"不能吃饭，你该怎么办

"你看，只有没什么文化的人才会站在大街上为了一点小事和别人争吵，真正有能力、有修养的人都是温文尔雅的。""一个好女孩不该像一个泼妇一样，动不动就发脾气。"每个人都会这样告诉你。其实也不用别人告诉你，你看看电视剧、小说里的主角，哪个女主角不是温柔如水的？哪个正面角色是为了一点小事就撒泼的？所有的事实都在暗示你：好女孩不该发脾气！

然而，我只想问你一个问题，别人告诉你好女孩不能发脾气，于是你努力压抑着自己的愤怒，那要是别人告诉你好女孩不该吃饭、好女孩不该呼吸，你该怎么办呢，也照做吗？

表达愤怒本身就是和吃饭、呼吸一样自然而必然的事情，只是从没有人这样为你类比过，而你也从没这样问过自己罢了。

☾ 道德很重要，道德绑架没必要

说到这里，就不得不谈谈"道德"的问题了。讨好者绝对

是极其具有道德感的一类人，不要攻击别人、要对别人微笑、要舍己为人、要宽容大度、要为他人着想，这都是对自己极高的道德要求。然而，道德到底是个什么东西呢？

你可以去想象一下，原始人需不需要道德呢？或者说动物们有没有道德呢？显然没有，狮子抓到了一只羚羊，其他狮子可不会想："我要尊重他的劳动成果，所以不能抢他的羚羊。"与之相反，其他狮子会一拥而上，强夺它的猎物，谁抢到就算谁的。

我相信人类社会也在这种没有道德的状态中发展了很久，但是后来遇到了问题。随着人口密度越来越大，农业开始发展，这样的模式显然是不利于人类发展的。我辛辛苦苦种了一年的庄稼，要是最后都被"强者"抢走了，那我还种什么庄稼呢？大家一起饿死算了。我们当然需要道德，不然人类社会就乱套了，但是你也要搞清楚，道德它到底是什么，它是为了人与人和谐相处制定的规则。你需要做的是使用它，在它的规则之下让自己的生活更加自由愉快，而不是被它绑架住，认为自己就是必须这样做，必须那样做。

这就好像，你和一个人做交易，你们约定：我给你一个西瓜，你给我四个苹果。大家都遵守约定，这个交易就能进行下去，各取所需。但是你实在没必要说，我必须每天都给你一个西瓜，不然我就是个坏人，并陷入自我谴责。因为这不仅会让你感觉很疲惫，也会让对方感觉莫名其妙。

压抑情绪的苦果：表面风平浪静，内心痛苦不堪

当我们用堤坝将自然流淌的溪流阻挡住，水就会越积越多，形成湖泊。开始的时候还算风景宜人，但是如果来了一场大暴雨我们却仍然不打开堤坝放水，就会引发溃堤和洪水。包括愤怒在内的情绪也是如此。如果我们允许情绪自然地表达，这并不会有什么问题，但是如果你出于种种原因，用意志力将它控制住了，那么最终一定会产生不可估量的后果。

开始的时候你可能觉得还不错，可以少花一些时间去解决冲突与问题，暂时拥有内心的平和，但是长此以往再强的意志力也会像洪水面前的堤坝一样不堪一击。如果你的生活风平浪静还好，万一又遇到了诸多困难，则会像大暴雨一样让情况雪上加霜。

⊂ 你好，情绪消防员

压抑包括愤怒在内的情绪，最常见的一种结果就是疲惫感。很多从不发脾气的讨好者常常会抱怨自己的体力不好、精力不够、做什么事情都没有激情，甚至觉得生活实在是没什么意思，如果一定要用一个词概括就是"身心俱疲"。

你可能为此去看过医生、喝过中药。或者这么多年过去了，你已经接纳了这种疲惫感，觉得自己可能生来就是个"疲惫者"，有什么办法呢？凑合着活吧。却从来没有想过这是你压抑情绪的必然后果。

为了让你明白这个道理，我想邀请你去想象一个消防员冲进火海里的景象，这个人穿着厚重的隔热服，拿着沉重的水管，在他身边是不断蹿起的火苗，而他的任务就是用能力非常有限的水管扑灭熊熊大火。这个时候消防员能感受到生活很美好吗？能拿出手机发个朋友圈吗？能感到轻松与自在吗？显然不可能，他感受到的只有沉重、无助与疲惫。

而当你压抑情绪的时候，你就是这个消防员，而生活就是

火场，你每天的任务就是拿着水管四处灭火，拼命地压抑住心中
的愤怒。你怎么会有心情看看周围的美景，怎么能拥有力量去做
一些自己想做的事情，你感受到的只能是疲惫、紧张与痛苦。

☾ 被压抑的情绪，身体全都知道

再严重一点，你则会遭受身体和精神上的病痛。

婉莹莫名的头痛、查不出原因的心慌，并非器官发生了什
么病变，而是由情绪引起的症状。情绪是一种能量，如果你不
让愤怒的能量向外攻击，它就会不得不向内攻击自己。至于它
会选择攻击你的什么部位，则完全要看它的心情了。

你一定听说过很多这样的故事：一个女孩子被爱情冲昏头
脑，嫁给了一个"公子哥"。然而，婚后的生活并没有想象中的
那么幸福，丈夫总是出去花天酒地，婆婆仗势欺人对她挑三拣
四。女孩子有苦难言，在愤怒与痛苦之下，两年后患上了癌症。
一个白领总是被领导找茬，为了保住工作她一忍再忍，结果一
连怀了几个孩子都没有保住，等等。虽然我们无法证实这些故
事里"情绪的压抑"与癌症、流产的必然联系，但是有一点是
可以肯定的，情绪的压抑势必会给我们带来压力，而压力势必

会造成免疫力下降，而免疫力下降无疑会损害我们的健康。

　　除了身体，我们的心理也会遭受情绪压抑的损害。最常见的要数抑郁症和恐惧症了。所谓抑郁，从精神分析的角度来说，就是一个人将攻击性全部转向内造成的。你想呀，一个人心中感到非常愤怒，但是又不能将心中这把刀扎进别人的身体里，于是就每天拿着刀自我攻击。对自己说：你不行、你不好、你什么都做不成。你说这能不抑郁吗？恐惧症也是一样，有的人恐高、有的人怕蛇，这还算好理解，但是还有的人害怕熙熙攘攘的人群、怕接受注射，为什么呢？这里面的原因很多。我想说的是，当你将愤怒压抑在心底的时候，它们会偷偷从你锁紧的大门中溜出来，附着到外界任何物体上，这个过程叫作"外化"。就好像当我们讨厌自己优柔寡断的时候，常常会责怪身边的人太没有决断力一样。当我们害怕控制不住自己的暴力倾向时，我们会开始畏惧自身之外的一切毁灭性力量，认为它们不受控制极其可怕。这就是造成恐惧症的重要原因之一，也是恐惧症病人的恐惧对象会变来变去，一个恐惧刚刚消失另一个恐惧又突然产生的原因。

　　说这些不是为了让你对号入座，更不是为了吓唬你，而是希望你能本着为自己身心健康负责的态度，重视自己的讨好型人格的问题，正视自己的情绪体验。

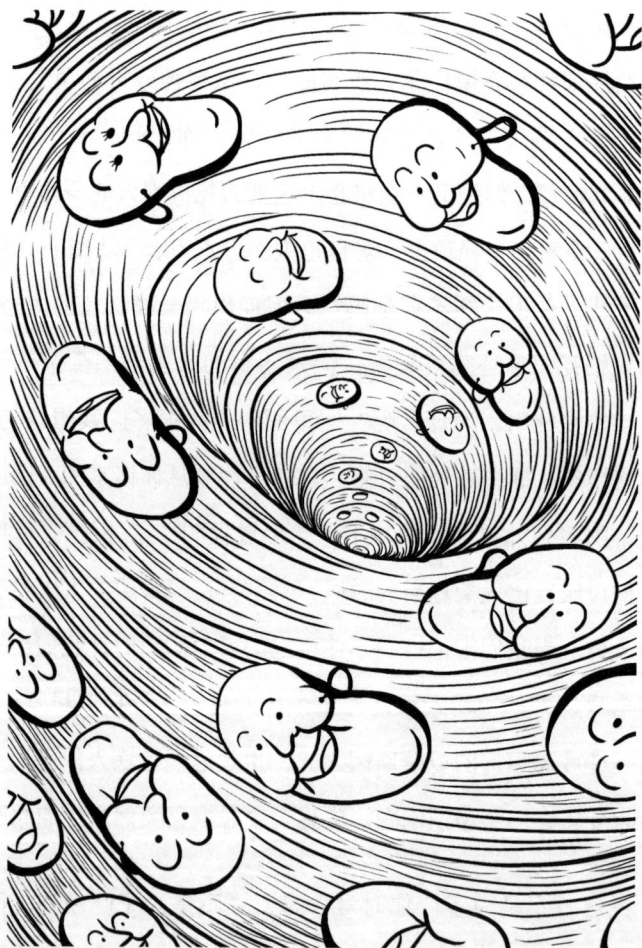

— ✳ —

情绪如水，在"疏"不在"堵"

然而，当愤怒与表达愤怒的恐惧同时袭来，我们到底要怎么勇敢面对，而不是进入压抑、抗拒的旧有状态里呢？

方法 1：别挣扎，挣扎只会让事情变糟

当包括愤怒在内的感受出现时，你首先需要做的就是不要挣扎。

你可以和我一起来想一想这个过程，本来只是一件外界的事情引起了你的愤怒，这份愤怒可能会令你有些不舒服，而这份不舒服却是非常单纯的。但是如果你的心念一动，拼命地挣扎，你的痛苦就会变得复杂。

一方面，你会因为压抑愤怒而产生疲惫感；另一方面，你会因为压抑不住愤怒而感到无力。接下来，万一控制不住让一点点愤怒表达了出来，你又会因此愧疚。

所以，你需要做的是不挣扎。即便愤怒的感觉让你不舒服，也不要转化它，请让愤怒就是愤怒本身。当愤怒的感觉到来的

时候，看见它，对它说："嗨，愤怒，你来了呀。欢迎，欢迎，欢迎。我看见你了，我接纳你，我想帮助你，而你需要我做些什么来帮助你呢？"

你也可以只是在情绪里待上一会儿，去感觉一下这个让自己隐隐感到恐惧的愤怒到底是个什么东西？哦，好像胸口有些发闷，喉咙有些紧张，还有一种想哭的冲动，哦，原来我一直恐惧的愤怒就是这么简单的一种东西呀。

要知道，当你与一种情绪对抗的时候，其实是赋予它能量的过程，只有你接纳愤怒，在愤怒的状态里"躺平"了，愤怒才不会从你这里源源不断地吸取能量来对抗你。放过愤怒，也放过你自己吧，"愤怒，谢谢你提醒着我希望被别人公平对待的美好需要"。

方法 2：想个办法，与情绪玩耍

看到愤怒、接纳愤怒只是摆脱情绪压抑困境的第一步，接下来你还需要学会与情绪玩耍。这就好像你看到一个小孩子，首先你需要和他打个招呼，但是如果你想与他建立更深厚的关系，则需要学会与他互动。

当一种情绪出现的时候，势必伴随着以下三种东西：画面、声音与身体感受。比如，当婉莹被父母谴责没有在亲人的生日送去祝福的时候，她感到父母是在责怪她并深感愤怒。但是婉莹同时也感受到了恐惧，这才是她压抑情绪的关键。而恐惧的出现，必然伴随着我们刚刚提到的三种东西。

婉莹可能看到了一幅画面，当她表达愤怒责怪父母不够体谅她时，母亲会泪水涟涟地责怪她伤害了自己。婉莹可能听到了一个声音，父亲板着脸对她说："你这个逆子！竟然这样对我说话。"婉莹还可能体会到一种胸口紧绷的感觉。

虽然她从没有留意过这些，但是只要她用心发现，这些东西必然存在。而这就是她感受到的恐惧了。

所以，婉莹需要学习去和这三种情绪的实质玩耍。她可以先对心中看到的画面做工作。看到母亲泪水涟涟的样子，将这个画面变得搞笑一些，比如，给母亲带上一个奇怪的帽子，将母亲的形象变成一个电视剧里特别爱哭鼻子的小女孩，等等。接下来将这个画面变小、变远，或者去想象将这个画面放在一台遥远的电视机里面，变成一部正在播放的肥皂剧，让她与你分离。

然后，婉莹需要对声音做一些工作了，她的脑海里有人在说"你这个逆子！竟然这样对我说话。"换一个声音好不好呢？比如，"你真的很勇敢，能够表达自己真实的感受。""表达真实的自己，其实是对家人最好的爱。"怎么样？甚至她还可以为这个声音配上父母的形象，让父亲将它说出来。

最后，婉莹可以去改变自己的身体感受。恐惧是一种胸口紧绷的感觉，那就改变这种感觉。有意识地舒展胸口、做一做扩胸运动，实在不行就去跳一跳广场舞，当你的身体感受改变了，情绪自然就改变了。

这就是与情绪玩耍的方式，情绪像个小孩子，讲道理是没有用的，你需要做的是学会用最真实的感受去贴近它的现实，然后你就会发现，恐惧消失了。然而，这不是因为你将它杀死了，而是因为你学会了与它一起跳舞。

方法 3：换个角度触摸"情绪大象"

盲人摸象的故事你一定听过，有的人摸到了大象的腿，于是认为大象是一根柱子，有的人摸到了大象的尾巴，于是认为大象是一根绳子。你有没有想过，你对于表达愤怒的认知，可能只是和盲人一样因为从自己有限的角度出发并造成的误解呢？

比如，从短期的角度来看，不表达愤怒似乎比表达愤怒更好。因为不表达愤怒就没有冲突，没有冲突内心就能风平浪静，而万一一表达，就意味着冲突的产生、大量的沟通、内心的失序。但是从长期来看，表达愤怒却比不表达要好得多。因为表达愤怒意味着你在和另一个人努力磨合你们的关系，你在让对方知道什么是令你舒服的，如果对方爱你，他就会想办法满足你，而如果不表达，则意味着对方会永远不知道什么情况会令你不舒服，你们的关系将总是处于别别扭扭、令人不满的状态里。也就是说，在不同的时间维度上"摸大象"，你会产生对于愤怒完全不同的认知。

比如，在高雅的社交场合，每个人都端着红酒，低声交谈，这个时候不随便因为愤怒而高声喧哗当然是好的。但是如果你遇到了一个强盗，那么可能正是你粗声大气的愤怒表达将他吓走了，并保住了性命，这个时候愤怒表达就是好的。在不同的情境下"摸大象"，你的认知又会完全不同。

再比如，你还可以为自己举一些反例。我知道小张就是个暴脾气，父母令她不舒服她能够表达；孩子不听话，她就会骂人；工作上的安排不合理，她就会拒绝执行。结果是人家的家庭关系一点没受影响，孩子还考上了一流大学。工作上更是晋升不断，备受赏识。从反面"摸大象"，绝对会再次让你得出截然不同的结论。

　　所以，不要将自己的认知局限在大象的腿部、鼻子，那些摸了好几十年的位置上。多走一走，从时间上、情景上、角度上换个方式去摸摸你自以为"不得不压抑"的情绪，你就会发现，固有的认知模式实在不堪一击，表达愤怒的确没有你想的那么可怕。

学习笔记

○ 核心讨好型问题：从不发脾气。

○ 主要表现形式：体会不到愤怒的感觉，否认愤怒的存在。

○ 这是因为——

▲ 没有人接纳过你愤怒的情绪，处于混沌状态的感受令

你恐惧。

▲ 不合理信念：表达愤怒会带来不可估量的后果。

▲ 道德绑架自己：有修养的人从不发脾气。

○ 直接后果：表面风平浪静，内心痛苦不堪。

○ 这意味着你需要——

▲ 放弃挣扎，让愤怒就是愤怒本身。

▲ 察觉情绪的本质，学会与其玩耍。

▲ 换个角度看问题，愤怒不是敌人而是朋友。

第 8 章

『吾日三省吾身』的积极践行者

澜伊最近遇到了一件"难事"。事情是这样的，几天前，澜伊和朋友一起出去逛街吃饭，结果吃完晚饭大雨倾盆，朋友就将自己买的几件新衣服放在了她的车上，说过几天来拿，不要被雨淋湿了。这本是一件小事，澜伊并没有在意，就将衣服放到了后座上。

哪想到没过几天，自己的车竟然被人砸开了玻璃，将里面的东西全部偷走了。说是全部东西，其实除了朋友的新衣服并没有其他贵重物品。因为澜伊在这件事情上一直很小心，怕在车里放了贵重物品被人看到，从而心生歹念，造成不必要的麻烦。

澜伊没有马上和朋友说这件事，而是默默去商店重新买回了衣服。之后她才打电话和朋友说了事情的经过，并告诉她衣服都已经重新买好了，你可以随时来拿。朋友听了挺过意不去，说要将钱转给澜伊，毕竟是自己决定要将衣服放在车上的，这怎么能怪她呢？可是澜伊并没有收下钱，她对朋友说：这都是我没有保管好造成的，给你造成了损失非常抱歉，下次见面你看看衣服号码和款式没有买错就好。

她就这样处理了这一事件，几件衣服虽然不便宜，但是还在澜伊的承受范围里，在经济上并没有给她带来太大的困扰。但是澜伊最近总会想到这件事，一个人发呆的时候，躺在床上准备睡觉的时候，这让她非常不舒服，甚至有些失眠。澜伊对自己说："不就是一点钱的事情，至于这么耿耿于怀吗？""难道这不是你保管不善造成的吗？如果你不是为了省下停车费，将车停在路边，这样的事情会发生吗？"就这样，澜伊苦苦压抑着内心的矛盾。

而当修车厂通知她去拿车并将价格不菲的修车费用明细发给她的时候，她就绷不住了，她感到委屈、愤怒："如果不是朋友将衣服放在我的车里，我的玻璃很可能就不会被砸，而我竟然还重新给她买了衣服，而不是让她赔偿我的损失！"

这个感受和想法将澜伊吓坏了，她立刻谴责自己说："你怎么可以这么计较，友谊不是最重要的吗？再说，这是推卸责任，你怎么可以这样想！"

✦ 关键词：自我苛责

　　朋友的衣服在自己的车上被盗了，澜伊觉得这是自己的错，并因此谴责自己没有将别人的物品妥善保管好。澜伊的车窗被砸坏了，这让她有些难过和委屈，觉得这很可能是朋友将贵重的物品放在车上造成的，然而澜伊却不允许自己有这种想法，并因此谴责自己不够朋友、想要逃避责任。好像不论生活中发生了什么问题，澜伊都有办法将自己谴责一番。自我苛责，这正是讨好者每天都在做的事情。

"高尚"主义：我的人性里，没有黑暗面

我想邀请你去想象这样一个场景：有一天你走在大街上，阳光的角度刚好让你对自己的影子产生了浓厚的兴趣。你变换了几个姿势发现影子也随之变化，觉得非常有趣，于是你出于好奇偷偷地将注意力放在了身边路人的影子上。你发现每个人的影子都是如此不同，高个子的人的影子长一些，肥胖的人的影子也有一个大肚子，甚至连身边走过的一只大金毛都有着一个看起来很凶恶的、像狼一样的影子！这个时候，你突然发现对面走来了一个非常美丽的女人，她穿着飘逸的长裙、画着精致的妆容、带着价值不菲的首饰，但是这都不是重点，重点是你发现她没有影子！这个时候你会有什么反应呢？觉得这个女人更美了，因为她连影子都没有吗？显然不是的，你一定无暇欣赏这个女人的美丽，只想撒腿就跑，并大叫一声："鬼呀！"

☾ 做"人"还是做"鬼"

既然你清楚地知道，一个没有影子的人根本不是"人"而

是"鬼",那么你为什么还总是要求自己的人性里只有无私、负责、宽容这些美好的东西,而不允许自私、不负责任、小肚鸡肠存在呢?你到底是想做"人",还是想做"鬼"呢?

你会因为拒绝在工作中帮助别人分担任务而感到自责,觉得自己实在很自私自利。你会因为将喜欢的蛋糕口味留给了自己,没有让别人先挑而自责,觉得自己实在是以自我为中心。弟弟生日约你吃饭,你却去买了单,心里忍不住想:"这到底是让我来吃饭还是让我来买单?"你很愧疚于自己的想法,批评自己与亲人为什么要这么计较。总而言之,你希望自己是一个伟大、无私的"圣人",太阳一照连影子也没有,却没有发现这是"违反人性"的。

这个世界有阴就有阳,没有黑暗你就不会知道什么是光明,没有罪恶你就不会明白什么是善良,而现在你要创造一个只有阳没有阴的世界,世界可能会失去平衡?

我们甚至可以说有时自私、不负责任才是人的本性,而这样的本性显然无法维持社会的正常运转,于是无私、负责任才会被倡导。但现在你要求这些"光明"的东西变成你的本性,剔除自身"黑暗"的一面,你可能也会失去平衡。

☾ 为高尚而高尚

然而,你为什么要这么做呢?有的人说我是为了讨好别人、为了让别人满意、为了获得认可,或者反过来说,我是怕别人不满意、怕别人说我不好、觉得我做事不"敞亮"。但是你有没有想过,你这么做可能只是为了显得自己很"高尚"呢?

你不小心踩了别人一脚,就会不好意思到自责,连连给对方道歉,说:"我真是太对不起你了!"你不小心忘记了将朋友向你要的东西带给他,就非常内疚,感觉自己给对方造成了巨大的困扰与伤害。你说自己是不是非常高尚呢?

高尚是这个社会倡导的,每个人都在告诉你高尚是很好的,于是你认同了,并努力去追求。这就好像所有人都在告诉你金钱、地位是很好的,于是你就去不断追求一样。却没有发现,追求金钱与地位只是众多活法中的一种,而且势必会让你不得清闲。追求高尚只是千百万种活法中的一种,而且可能导致你情绪的压抑,让你感到痛苦。

我不是说你不能追求高尚,我想说的是,你需要找一个安静的空间，去想一想，追求高尚到底是不是你人生的目的，是不是你想过的生活。如果是，那很好，这个社会当然需要高尚者，你可以成为一个英雄、一个榜样。但是如果不是，那也很好，不是所有人都要成为"圣人"，你可以从此学习当个快乐的"凡人"。

"牺牲"主义：是美德还是受虐狂

当你用"高尚"的标准要求自己的时候，势必会造成这样一种后果：自我牺牲，将自己放在一个受害者的位置上。

澜伊在不是自己责任的情况下，对朋友进行了补偿，看起来非常"高尚"，但是她也将自己放在了一个"受害者"的位置上。她用自己的劳动所得弥补着别人犯下的错误，说得好听点叫作"牺牲"，说得不好听一些就是"受虐"。

☾ 受苦是种"幸福"

当澜伊因为朋友的衣服被盗而产生内疚感的时候，这是她第一次虐自己。当她本可以通过道歉或者与朋友商量来处理这一事件的时候，却选择自己承担起所有的责任，这是她第二次虐自己。当她总是想起这些事情甚至失眠的时候，这是她第三次虐自己。当她冒出了一点责怪朋友的念头时，她深深地自我谴责，这是她第四次虐自己。而这只是我们看到的一小部分。

澜伊为什么要虐自己呢？或者说，你到底为什么要通过高尚、牺牲来让自己受虐呢？经典的精神分析认为，受虐可以为我们带来一种痛苦感，而这种痛苦感可以缓解我们被现实事件激发的早年的内疚感，也相当于对自己的一种惩罚。

当澜伊看到自己的车窗被砸碎的时候，她可能首先感到了愤怒，而这种愤怒该指向谁呢？最理智的当然是指向小偷，但是小偷早已逃之夭夭，连是男是女都不知道。这个时候，最方便的就是迁怒于朋友，"要不是你将衣服放在了我的车上，购物袋看起来又那么高档，小偷才不会砸我的车窗！"此时，早年的内疚感被激发了，小时候父母可能并没有完全将我们照顾好，他们身上可能有刺鼻的味道，他们换尿布的方式可能非常粗暴，你很想对他们发火，但是"攻击"父母让你感到内疚。也或许在你成长的过程中，表达愤怒意味着攻击，而攻击意味着拉开你与父母的距离。可父母是那么需要你，离开他们令你感到内疚。这些在澜伊潜意识中的感受被现实中的愤怒激活了。为了消除这种不舒服的感觉，澜伊选择了"受虐"。意思就是：我竟然做了这么令自己内疚的事情，于是我用"自虐"来惩罚自己，我用痛苦来麻痹自己。这时"受苦"对于澜伊来说，变成了一种"幸福"。

◖ 这个幸福的人，还是我吗

当然，也有可能澜伊只是在"受害者"的角色里待了太久，为了保持她固有的身份，她不得不让自己持续受苦。可能小的时候，每次和兄弟姐妹发生冲突，父母都会不分青红皂白地批评她、让她学会谦让。当家里来了客人，父母总是要她让出自己的小床，而让客人住得舒服一些。这都会让澜伊明白，自己永远是被牺牲的那个。她已经习惯了，要是她突然不是"受害者"、不是"被牺牲"的存在，而是变成了一个为自己创造幸福与快乐的人，那这个人还是自己吗？

你可能觉得弗洛伊德这一套完全是在"扯淡"，但是如果你站在澜伊朋友的角度，就会发现事实的确非常有趣，让我们难以否认。澜伊本可以更"高尚"一些，根本不告诉朋友衣服被偷的事情，默默承受这些，但是她选择了告诉朋友，并拒绝了朋友将钱转给她的意图。你可以去想一下，当这位朋友收到衣服，并在今后每一次穿这件衣服的时候，会是什么感受。我相信每一个有良知的人都会感到内疚。

也就是说，澜伊通过牺牲让自己"受虐"，以维持一个"受害者"的身份，并通过"牺牲"让朋友愧疚，告诉对方自己有多痛苦，"我也要让你尝一尝这种苦。"牺牲看起来是一种美德，其实却是一种让别人和自己一起受苦的状态。所以，请从现在开始结束这种不健康的关系吧，你活得自由而喜悦，身边的人才能因此而幸福。

"完美"主义：我没做好，所以我有罪

一个人要求自己高尚，不允许自己的人性里存在黑暗面，这还不算大问题，毕竟人各有志。最成问题的事情是，你还做不到绝对高尚，并陷入自我谴责中，不断给自己定罪。

◖ 心中的"法官"

如果澜伊就是非常高尚，愿意为朋友的损失承担责任，她就会为自己的赔偿行为感到自豪与欣喜，这是求仁得仁。而事实并非如此，澜伊感到的是痛苦与冲突，因为她做不到绝对高尚。她有些责怪朋友将贵重物品放在自己车上这么久都不来拿，对于承担了本不该自己承担的责任有些委屈和不平，而这些念头都让她陷入了自我谴责，给自己判定了"逃避责任""小肚鸡肠""爱计较"的罪，并因此抬不起头来。

你心里就好像住着一个法官，不停地对自己进行着审判。为什么会这样呢？一般我们认为这个法官是一种"父母状态"，小时候父母会不断纠正我们的行为以适应社会的要求，不断地评判着我们行为的好坏。如果父母比较温和还好，要是他们很严厉，这个心中的"法官"也将更加苛刻。随着你的成长，你将父母的要求变成了你内在的一部分，这个过程叫作"内化"。就好像小的时候父母不允许你穿超短裙，长大之后虽然你的父母再也管不了你了，甚至已经去世了，但你仍然觉得穿超短裙很不自在一样。

有的人攻击性向外，他们的"父母状态"也能够向外，于是就有了一些"大家长"做派的人，看这个人也不顺眼，看那个人做得也不对。但是讨好者不会这样做，他们的攻击性向内，"父母状态"也向内，不挑剔别人而是挑剔自己，不审判别人而是审判自己，最终令自己痛苦不堪。

ℂ 当"罪人"的好处

你可能会问："那我为什么非要折磨自己呢？"答案是：自己给自己定罪看起来非常痛苦，但是你也从中获得了某种好处。比如，免遭他人的谴责。

我想邀请你换个角度去想象这样一个情景，有一天，朋友去你家里做客，不小心将你心爱的花瓶打碎了，你有一点生气，想要责怪她为什么如此不小心，然而还没等你开口，你的朋友就突然痛哭流涕说："我真是罪大恶极，竟然将你的花瓶打碎了，你惩罚我吧！像我这样做事情毛毛躁躁的人就该被天打雷劈！"这个时候你会怎么做呢？继续将谴责她的话说出口吗？显然不可能，你已经被她强烈的自我谴责震惊了，心想："就是一个花瓶，至于如此吗？"你还会为自己给她造成了这么大的痛苦而内疚不已，别说谴责的话了，你一定还要耐心地宽慰她几句才行。这就是自我审判的好处了。

在你因为一点小小的错误，而进行了强烈的自我谴责之后，谁还能站在道德的制高点上审判你呢？没有人。就算是真的有人谴责了你，这份谴责也不会比你的自我谴责更强烈，这可以让你免遭被人谴责的羞耻感。

我知道面对他人的谴责时没有人会感觉良好，在你小的时候你能想到这样的方式来自我保护真的很有智慧。但是这样的方式已经"过时"了，因为它并没有让你的生活好过一些，反而加深了对你的伤害。

自我苛责的苦果：伤你最深的人，是你自己

如果我们能够让心灵受到的伤害通过身体表面呈现出来，那么讨好者绝对是最为千疮百孔的一类人。然而，为什么讨好者这么努力讨好，体会到的伤害却最多呢？答案是来自别人的伤害可能只占痛苦的两成，而其他八成是讨好者自己造成的。

◖ 远离"二次伤害"

"二次伤害"是指由于各种原因，让受害者在第一次受伤之外再次受到伤害的情形。比如，一个女孩遭遇了校园欺凌，"恶霸"给她造成了第一次伤害。然而，这件事情引起了学校的关注，学校将她作为了一个典型"保护"起来，告诉学校的每一个同学，她是如何被伤害的，并教育大家自我保护，受到伤害要及时告诉老师。这下好了，每个人看到她都会指指点点，说她是多么可怜，让她的自尊心受到了极大的损害，这就是"二次伤害"。

而你特别擅长给自己制造"二次伤害"。比如，你在职场遇到了一个特别难相处的同事，动不动就说你的报告写得不行，会议也没安排好。这个时候你受到了第一次伤害。可是这个伤害造成了什么后果吗？其实没有，你因此丢了工作还是被扣了工资？只是被一个不会说话的人莫名其妙地说了几句而已。然而，接下来会怎么样呢？接下来，你会对自己进行二次伤害，你会想，是不是我真的能力不行，是不是我真的没做好？他说的真的没有一点道理吗？

讨厌的同事只是批评了你两句，你却自我批评了两个月，"吾日三省吾身"，这就是你为自己制造的"二次伤害"。这些伤害是不必要的，更是完全可以避免的，因为是你自己任由它发生，是你自己将刀子一下一下扎在自己心里的。

所以，当外界伤害来袭的时候，你需要让伤害单纯一点。别人伤害了你，你就难受一会儿好不好，而不是不断地去想"怎么会这样""别人为什么这么做""我是不是哪里做得不好""到底是哪里出错了"。鬼知道是哪里出错了，这些自我谴责、自我反省除了会给你增加额外的苦恼与伤害之外，毫无用处。

☽ 让自己受苦，是对他人最好的谴责

然而，你对自己的伤害并没有到此为止。当别人伤害了你，你却无法表达，而是要高尚地在自己身上找问题，并通过自我谴责第二次伤害自己时，你的内心是非常委屈且痛苦的。那到底要怎么去宣泄这些痛苦呢？你受到这些委屈到底要怎么让别人知道呢？很多人找到了这样一种方式：让自己受苦。

比如，抑郁症患者为什么要自杀？当然，这是因为他们痛苦，想要结束痛苦的生命，这是我们一定要承认的。但是也有

一部分原因是,抑郁者想通过自杀告诉所有人,"你们睁开眼睛看看吧,看看你们做的好事,看看你们将我伤害到了一种什么程度!都是你们的不理解,都是你们不断告诉我'你没病,你只要想开点,一切就好了'造成了我的痛苦!我不能攻击你们,但我可以通过攻击自己来谴责你们!"

这是一个比较极端的例子,但却是很多讨好者行为模式的真实写照。既然我不能攻击你,我就通过让自己受苦的方式隐秘地谴责你。甚至说,自我反省、自我谴责的行为是不是一种让自己受苦来谴责别人的模式呢?比如,澜伊默默地弥补了朋友的损失后,又告诉了朋友事情的经过,这难道不是一种隐秘的谴责吗?难道澜伊不是在通过让自己遭受损失来让朋友内疚吗?

然而,通过让自己受苦来谴责别人,最终只会造成两败俱伤的局面。我并不是想要批评你这种行为模式,毕竟如果你的攻击性无法显性表达,那么隐性表达总比不表达、憋死自己要好。我想说的是,为了你的幸福与快乐,我们有没有可能找到更好的方式呢?

—— ✳ ——

停止自我审判，学会爱自己

如果我们能说："我的讨好型人格是父母苛刻的要求造成的，也是极高的道德标准下的产物。"那一切都会更容易，因为我们就可以去谴责别人而不必面对自己的问题了。但是事实是，没有人逼你"吾日三省吾身"，是你想要自己显得高尚，是你的"不配得感"让你持续受苦，是你想要通过自我谴责避免他人谴责造成的痛苦，是你自己给自己造成了二次伤害，是你选择了通过让自己的情况变糟的方式来谴责他人。所以，除了你自己，没有人能够挽救你。

方法 1：放自己一马，给你的评判标准升级

你之所以会自我苛责，最根本的原因在于世界在你眼中是非黑即白的。一个人要不就是好要不就是坏，要不就是高尚要不就是堕落，要不就是天使要不就是恶魔。在这样的评判标准下，你当然不希望自己是坏的、堕落的，是个恶魔，所以你就努力让自己成为好的、高尚的，做个天使。然而，你有没有想过，这个世界其实并不是非黑即白的呢？更不能被我们粗暴地

一分为二呢？

比如，你买了一条昂贵的项链，你说这东西好不好呢？非常好，闪闪发光，彰显你的身份，带出去特别"有面子"。但是有一天你带它去买菜，生菜本来是 5 元一斤，小商贩一看你这项链，告诉你这是无公害蔬菜，要卖 20 元一斤。这个时候项链还好不好呢？显然不太好。可能有一天，你带着项链走在大街上，却因此被一个强盗盯上了，并跟着你一路走到僻静处，让你差点丢了小命，这个项链就太糟糕了。

也就是说，这个世界上没有什么东西是绝对好的，也没有什么东西是真正坏的。好里面含着坏，坏里面蕴藏着好，这才是现实。而你却要求自己必须好、高尚、完美，你说这不是拿一个无意义的标准为难自己吗？

所以，请给自己的评判标准升个级，既然世界上没有什么是绝对好的，也没有什么东西是绝对坏的，那为什么不用"存在"的标准去评判这个世界呢？我不去判断一个人是绝对好还是绝对坏，我只是看到有这样一个存在，这个存在必然有其存在的理由。

　　我看到一个苹果，它不是好的，也不是坏的，它只是一个苹果，红红的，香香的，样子很可爱。我今天请朋友吃了一顿饭，没想到花了 500 元，有些心疼。心疼不是好的，也不是坏的，它只是一种感觉，哦，原来我有这样的感受，这感受本身就是如此可爱。

　　当你的世界观"更新"到这个水平，当你的评判标准"升级"到这个层次之后，你就会发现，你想要绝对高尚都不知道该怎么做好了，所以还是踏踏实实做自己，欣赏自己的"存在"本身就好。

方法 2：从"我不配"到"我想要"

　　无论是你通过惩罚自己来压抑内疚感，还是习惯性地待在"受害者"的状态里，抑或是通过受苦来谴责别人，其实都是建立在一种底层信念之上的，就是："我不配拥有喜悦而成功的生活。"

　　正是这种"不配得感"让你持续地待在"受害者"的角色里，以至于从未想过自己完全可以用一个喜悦的成功者的身份处理身边的问题。比如，勇敢地对朋友说："你的衣服放在我的车上，结果被偷了。虽然不是我的责任，但是我还是很遗憾，我也愿意在一定程度上补偿你的损失，你觉得这件事情如何处理呢？"比如，去思考一下为什么偏偏这个"受害者"才是我的真实身份，而"成功者"却不是呢？除了让自己的情况变坏，我难道真的找不出任何更加健康的、表达自己的不满的方式了吗？

所以，消除不配得感是摆脱讨好型人格的关键点，而你需要做的，是勇敢地向这个世界"索取"。

讨好者是很难向别人提要求的，你遇到了再大的困难，也难以向别人寻求帮助。你想要的东西从不会向别人索要，而是自己默默地努力。你的付出最好是义务劳动，万一别人给你报酬你就心中难安。你对别人好可以，别人一对你好，你就不知道怎么办了。这就是不配得感，你觉得自己不配拥有支持、帮助、回报、好意。然而，很多时候，生活不是"你配不配得到"的问题，而是"你敢不敢要"的问题。

只有你勇敢地"要"了，你才能知道别人是愿意给你的，而只有在你知道别人愿意给你并拥有了很多美好之后，你才能知道自己是"配"的。

只要你能够大胆而勇敢地向别人"索要"帮助、支持、回报、善意，你就走出了改变的第一步。我知道刚开始的时候，你一定会感到非常害怕，但是你逐渐会知道，自己是如此好的一个人，值得拥有更多的喜悦与成功、拥有全世界的美好！而不必通过"讨好"来受苦，以维持一个"我不配"的自我形象。

方法 3：从"苛责自己"到"感恩自己"

如果你觉得仅靠勇敢去获得新的经验，实现从"我不配"到"我值得"的转变过于艰难的话，你也可以通过"感恩"的方式去帮助自己。

说到"感恩"你可能觉得很俗气，是老生常谈。从小我们就被教育："要感恩你的父母，他们辛苦将你养大！""要感恩城市的环卫工人，是他们的辛勤付出让我们有了整洁的街道！"道理是这么个道理，我们也的确感恩，可是这话听多了，就好像你妈唠叨你要好好吃饭一样，耳朵都磨出茧子了。

现在我想请你放下心中对于"感恩"的成见，重新来学习感恩这个"爱自己"的方式。你可能一直认为"感恩"是为了爱别人，感恩父母所以要爱父母、孝顺父母，感恩清洁工人所以要尊重他们。但是一个人如果连自己都不爱，你说他又有什么能力谈爱他人呢？

所以，换个角度来看待感恩这回事，感恩，不只是为了爱什么别的人，更重要的是教导我们爱自己。

你可能觉得自己不够好、自己不配，但是如果你能怀着一颗真正的感恩之心，你就会发现你其实足够好，你就是值得。

早上起来，看到阳光照进房间，"啊，谢谢你太阳，每天普照着大地，给我光明与温暖。"当你从床上下来，脚踩在大地上的时候，"啊，谢谢你大地，支撑着我。也谢谢你我的双脚，如此健康，带我去了那么多的地方。"当你打开自来水准备刷牙，"啊，谢谢你清甜的水，与你接触真的好舒服。也谢谢自来水公司，让我每个月花不多的钱就可以享受打开水龙头就有自来水的服务。"

当你走到公司，谢谢自己的老板，想一想他承担了多少风险、压力，才让你有了稳定的收入。当你打开午餐盒，闻一闻饭菜的香气，谢谢万物生长得如此可爱，谢谢厨师做了如此色香味俱全的饭菜。当你结束了一天，躺倒在自己的小床上，谢谢困意如期而至，让你享受深深的睡眠。

　　持续地去感恩，不是口号，也不是为了让你必须去爱谁，只是在这样的感恩中，你不仅体会到了生活的美好，更感觉到了自己的美好。原来我是如此好的一个人，拥有这么多的幸福。你不是在感恩别人，而是在感恩自己的生命。

学习笔记

○ 核心讨好型问题：以"自省"的方式苛责自己。

○ 主要表现形式：不允许自己有"阴暗面"。

○ 这是因为——

▲ 追求高尚，用"非人"的标准要求自己；

▲ 习惯性受苦，待在"受害者"的角色中不能自拔；

▲ 通过自我审判，免遭他人的责难。

○ 直接后果：自己伤害自己。

○ 这意味着你需要——

▲ 升级自己的评判标准：不做非黑即白的判断；

▲ 勇敢"索取"，建立配得感；

▲ 持续感恩，学会爱自己。

第 9 章

终身成长的秘籍：SELF 心理自助疗法

到这里为止，关于讨好型人格的问题已经基本讲完了。然而，讨好型人格不是你看完一本书就会迅速消失的东西，它早已与你的人格盘根错节纠缠在了一起。要想彻底改变自己的行为模式、提升心灵品质，需要你不断地探索与改变。况且，生活的复杂程度，远不是解决了讨好型人格问题就万事大吉的，持续成长是你的终身课题。

为了帮助你在读完这本书之后，更好地实践书中的方法，更为了帮助你掌握一套在今后人生道路上应对"心灵危机"的万能法宝，我在这里将自己提出的、以"自我救赎，活出自我"为目标的"SELF 心理自助疗法"介绍给你，希望你能将这个方法记在心里，并在任何需要帮助的时候运用它。

什么是"SELF 心理自助疗法"

SELF 心理自助疗法是一套"万能"的自我疗愈方法，它不需要你支付昂贵的心理咨询费用，也不需要你掌握什么高深的心理学理论，只要你带着一颗想要"自我成长"的心，每个人都可以做到。

具体来说，它包含了八个步骤：自我觉察（Self Awareness）、情绪接纳（Emotion Acceptance）、连接资源（Links to Resources）、信念转换（Faith Conversion）、技巧提升（Skill Improvement）、经验获得（Experience Gain）、爱自己（Love Yourself）、极好的身心状态（Fabulous Life）。非常神奇的是，这八个步骤的英文首字母连接起来竟然是两个"SELF"，也就是"自"和"我"，好像这个方法就是为了让我们自我救赎、活出自我而存在一样。

无论你感到抑郁、焦虑、恐惧、悲伤，甚至只是莫名心中不舒服时，你都可以运用这套方法，将痛苦转化为成长的契机，并最终活出美丽。

— ✳ —

SELF 心理自助疗法的八个步骤

第一步：自我觉察（Self Awareness）

当你感受到一些令自己不舒服的情绪时，你可能经常会采取回避和对抗的措施。比如，心情不好，那我看看电视、打会儿游戏让自己开心起来吧。再比如，我抑郁了，去医院开药吧。我不是说，你不该想办法让自己舒服一些，但从某种程度上，这样的方式会导致你从未理解过自己的情绪。

情绪像个小孩子，你之所以会感到不舒服，正是这个小孩子在提醒你一些被忽略了的事情。可能是你没有照顾到自己的需要，也可能是一些内心的冲突，或者是某种未被意识察觉的不合理信念。这些东西如果总是无法被看到，而是简单粗暴地被游戏、药物糊弄过去了，就会越积越深，直到你再也压制不住，最终给你的生活造成巨大的困扰。

所以，当情绪到来的时候，静下心来，做几轮深呼吸，然后去问问自己，你现在的感受是什么？为什么会有这样的感受？我的底层逻辑是什么？这样，你就理解自己，而这份情绪也将被你的察觉疏解。

> **对应内容**
>
> 第 7 章　方法 1：别挣扎，挣扎只会让事情变糟

第二步：情绪接纳（Emotion Acceptance）

在你察觉到自己的情绪之后，你需要做的是自我接纳。比如，你生日的时候收到了朋友的礼物，这个礼物价值 10 元。这个时候你心中有些不舒服，毕竟她过生日的时候，你买了一份价值 1000 元的礼物送她。你做了几轮深呼吸，察觉到这是一种愤怒和委屈的感觉，而这是因为你认为自己的付出没有得到回报。

这个时候有些人会迅速进入自我批评的状态，你会对自己说："你也太小心眼了吧，难道你送别人什么价值的礼物别人就要回报给你什么价值的礼物吗？这也太功利了！"这就让本来非常好的自我察觉，变成了批斗大会。情绪的小孩本来以为向你敞开心扉你会安慰她，结果现实是你诱导她说出了真心话，

利用她的真心来攻击。情绪小孩一定非常伤心与难过。

所以，在察觉了自己的情绪之后，你需要做的是"接纳"它。对自己说："哦，我的付出没有得到回报，这让我有些愤怒和委屈。这很正常，欢迎你，我的情绪。希望付出有所回报的需要很美好，我可以做些什么实现这样的需要呢？"这个时候，你不仅接纳了自己的情绪，而且将自己的注意力从"问题"转移到了"方法"上。

对应内容

第 1 章　方法 1：与过去告别，你不再是那个无助的小孩

第 3 章　方法 1：看到自卑与自恋背后的美好需要

第 7 章　方法 2：想个办法，与情绪玩耍

第三步：连接资源（Links to Resources）

有时候，情绪来得过于强烈，以你自己的能力实在不敢去察觉它，更加无法接纳它。比如，抑郁、焦虑袭来，你真的不知道怎么办好。这个时候你需要让一些"资源"来帮助你。

所谓资源，可以是现实层面的，也可以是心灵层面的。在现实层面，你肯定有一些很信任的人，可以和他们倾诉，在他们的陪伴下帮你看到自己的内心世界。如果实在是没有这样一个人，你也可以找一名心理咨询师来帮助你。在心灵层面，你拥有很多资源，比如，一段美好的回忆，一个一想到就可以带给你力量感的人，你可以去想一想这些、感受这些，并获得力量与支持。

> **对应内容**
>
> 第 6 章　方法 1：挖掘"勇猛"的能量，让勇敢成为你的一部分
>
> 第 6 章　方法 3：搭建资源库，为心灵建立安全的港湾

第四步：信念转换（Faith Conversion）

我们说过，所有的情绪都是从"信念"而来的。你之所以害怕在公开场合讲话，一定是因为你拥有类似"别人对我充满了批判"的信念。你之所以不敢拒绝别人，一定是因为你拥有诸如"我一拒绝别人，别人就会受伤，一个人受伤就会愤怒，

愤怒就会报复我，而别人的报复是我受不了的"这种信念。所以改变情绪的关键在于转换你的底层信念。

你在识别出一种情绪并接纳它之后，去想一想这种情绪背后的信念是什么。问一问自己，这个信念是真理吗？是绝对的吗？每个人真的都那么关心台上的我说了什么吗？我拒绝了别人，别人一定会报复我吗？然后，你就会发现，这些令我们不舒服的底层信念往往是不合理的。既然它不合理，就将它转换一下吧。

> **对应内容**
>
> 第 5 章 方法 2：从"我应该做"到"我想要做"
>
> 第 6 章 方法 2：学会对自己说："我受得了！"
>
> 第 7 章 方法 3：换个角度触摸"情绪大象"
>
> 第 8 章 方法 1：放自己一马，给你的评判标准升级

第五步：技巧提升（Skill Improvement）

如果你想要吃核桃，可以买一个钳子来帮助自己。如果你想要和远方的家人经常联系，可以买一部手机帮助自己。当你在生活中遇到一些困难的时候，为什么不用一些"工具"来帮

助自己呢？

　　比如，你很难拒绝别人，可是总是不拒绝别人，就没有了自己的生活，这个时候你很痛苦，怎么办呢？虽然觉察并接纳情绪、连接资源、转换信念都可以在一定程度上帮助到你，但是与人相处是一个"现实"问题，为什么不去学习一些社交技巧帮助自己呢？如何在不伤害别人的情况下表达拒绝与情绪，这都有"现成"的方法可以使用，只要你花一点点时间去学习，就会给自己带来很大的帮助。

> **对应内容**
>
> 第 1 章　方法 3："无情"拒绝，做个"狠人"
>
> 第 2 章　方法 1：可以很温柔地"不赞同"

第六步：经验获得（Experience Gain）

　　人是经验性动物，这次下楼梯摔倒了，下次就会小心；这次被伤害了，下次就不和这个人交往。在你更新了自己的底层信念、提升了自己的技巧之后，你也只是在头脑里明白了新的道理，而如果你想真正在生活中有所改变，就必须勇敢去实践，并获得新的经验。

　　比如，你不能拒绝别人，是因为"一拒绝别人，我们的关系就会破裂"的信念，你发现了它并告诉自己："这段关系没有自己想的那么脆弱，如果关系一碰就碎了，这样的关系也不值得珍惜。"另外，你也学习了拒绝他人的技巧。可是如果你没有实践过，你就永远无法改变拒绝别人的恐惧。只有当你获得了新的经验，在现实里检验了新的信念与技巧之后，你才会发现拒绝并没有让关系破裂，反而让别人更加尊重你了，这时你才能彻底消除拒绝别人带来的恐惧感。

对应内容

第 2 章　方法 2：表达情绪，而不是带着情绪去表达

第 4 章　方法 1：忍住，做个"坏人"试试

第 8 章　方法 2：从"我不配"到"我想要"

第七步：爱自己（Love Yourself）

　　爱自己不是说给自己买漂亮衣服，让自己吃好喝好这么简单。最重要的爱自己的方式是化解内心的冲突，将自己当作一

个独立个体来看待，或者说，就是"自我接纳"。

当你在现实中就是内向的人，却要求自己社交能力超群，能迅速与所有人建立起关系的时候，你就是有冲突、不能接纳自我、不爱自己的。这会给你的心灵带来极大的痛苦。只有你真正接纳了自己是一个有血有肉的人，有自私的想法、有自己的个性，你才能在自己的现实下，活出最美的自己。

同时，你也需要学习分清自己的事情与别人的事情，不为别人的情绪过度负责，而是专注于自己的喜悦与成功。

> **对应内容**
>
> 第 1 章　方法 2：能够选择，冲突就不可怕
>
> 第 2 章　方法 4：自我接纳，只需三步
>
> 第 4 章　方法 2：分清"人生课题"
>
> 第 4 章　方法 3：我是"好"的，不需要被证明
>
> 第 5 章　方法 1：你需要的认可，可以自给自足

第八步：极好的身心状态（Fabulous Life）

当你做到了前面的七个步骤，极好的身心状态将是自然而

然的结果，然而，你还可以做一些努力，让自己的身心状态更好一些。

比如，你可以去做一些冥想的训练。每天用 5 分钟，从头到脚地感受你的身体。觉察当下发生的一切，下雨的时候，听一听雨打在手上是什么声音，闻一闻空气里的味道是怎样的，看一看树是如何在风中摇摆的，鸟儿是如何匆匆飞过的，感受一下风吹过身体是寒冷还是惬意的，等等。再比如，你可以重新学习"感恩"，体验生命的美好。

通过这些方式，你会发现，这个世界是因为你的主动体验而丰富多彩的。你不需要与谁一致，更不需要讨好，而只需要简单地存在、做你自己，就可以拥有足够的喜悦与幸福。

对应内容

第 2 章　方法 3："从心"发现自我

第 3 章　方法 2：进入合一的状态

第 8 章　方法 3：从"苛责自己"到"感恩自己"

到这里全部的内容已经写完了，我真心希望这本书能够对你有所帮助，哪怕只是某一个章节、某一个点触动了你并让你有所改变，这本书也算是完成了它的使命，我也会为此而感到幸福。如果有可能，我非常期待你的反馈。

当然，这本书也有很多不足之处，比如，有些主题的分类不够合理，"不能拒绝别人"真的和"不能向别人提要求"是完全不同的两回事吗？再比如，同一个概念可以解释很多现象，导致书中难免有重复交叉的内容。当然，最重要的原因还是我的语言表达能力有限，对很多心理现象的分析还不够透彻深入。在这里，希望大家多多包涵，多提宝贵意见（作者邮箱：
huayangxinli @ foxmail. com）。

在本书的最后，请允许我表达感谢。首先，我要感谢编辑
姜珊，在写作过程中给予我诸多有用的建议，同时又给我足够
的自由呈现我想呈现的内容。其次，感谢我的丈夫，他自己总
结说，在我的写作过程中，他"以稳定老婆情绪为主，以帮助
核稿为辅"做出了突出贡献。再次，我也想谢谢我的父母、公
婆，是你们在生活中给予我诸多帮助，才让我有精力做我想做
的事情。最后，我也想感谢我的咨询师余晔，陪我探索内心世
界，看我哭，看我笑，这么多年一直都在。当然，我最想感谢
的还是我的讨好型人格，恨过你、怨过你，但是能与你周旋这
么久，现在想想，我真的非常非常感激。

愿这本书能够成为照亮你的灯塔，成为你改变道路上的同
伴，但是我最希望的，是你有一天不再需要它，也能够对自己
的讨好型人格说一句："谢谢你，我爱你。"

不去讨好任何人

是我们成为自己的开端